陸上自衛隊
精神教育
マニュアル

陸上自衛隊元陸曹長
原口正雄

展転社

はじめに

自衛隊の存在は、今や大人から子供まで広く世間に認知されてゐる。そればかりか、税金泥棒と言はれてゐた昭和の時代からすると、国民の自衛隊に対する支持率は各段に上がり、その活動は高く評価されるやうになつた。書店には、自衛隊に好意的な書籍《しょせき》が数多く並び、また、自衛隊の活躍を取り上げて特輯《とくしゅう》した新聞記事などもよく見かける。更に、昨今《さっこん》は自衛隊を紹介するテレビ番組も度々《たびたび》放送され、その影響からか自衛官になりたいと言ふ子供も増えてゐるといふ。将《まさ》に、人気は鰻上《うなぎのぼ》りである。

税金泥棒扱ひされてゐた時代から抜け出し、自衛隊が注目の的《まと》となつて国民に評価されるやうになつたのは、阪神淡路《あわじ》大震災に次《つ》ぐ東日本大震災での自衛隊の災害派遣活動が大々的に報道されたことによる。いざといふ時に頼りになる存在として広く国民に認識され、次第に多くの国民が自衛隊を支持するやうになつた。

私も三十六年の自衛隊勤務の間、何度も悲惨《ひさん》な被災《ひさい》現場に駆け付け、人命救助・捜索《そうさく》活動をはじめ、孤立集落への物資輸送や給食支援などに務めた。それは勿論《もちろん》、災害派遣活動として任務を遂行《すいこう》したまでであるが、個人の心情としてもまた、窮地《きゅうち》にある同胞《どうほう》（同じ国民）を何としても助けたいと思ふからである。涙を堪《こら》へながら御遺体《ごいたい》を搬送し、土《ど》石流《せきりゅう》で住む家を失つた老婆《ろうば》の肩を抱《いだ》き共に涙を流したのも、唯々《ただただ》同胞を思うてのことである。

自衛隊は、平素《へいそ》災害派遣のための訓練をしてゐる訳ではないが、災害発生時には逸早《いちはや》く被災地に駆け付けて部隊を展開させ、遅滞《ちたい》なく各種活動を開始し、且《か》つ活動の長期継続にも対応できる。それは、自衛隊が指揮系統に基づいた組織力を有《ゆう》してゐるからである。

だが、自明《じめい》のことではあるが、自衛隊の主《しゅ》たる任務は国防である。一朝事《いっちょうこと》あらば戦《いくさ》の場《にわ》に立ち、生死を超越《ちょうえつ》して一意《いちい》任務に邁進《まいしん》するのが自衛官なのである。然《しか》るに、この崇高《すうこう》な使命を説《と》くことなく、徒《いたずら》に災害派遣を世に宣伝《せんでん》して国民の支持を得ようとするのは、一体どういふ了見《りょうけん》だらうか。斯様《かよう》に災害派遣のことばかりが宣伝された挙げ句、「災害派遣で人の役に立ちたい」といふ理由のみで自衛隊に入隊する若者が後を絶たない。彼らは純粋な気持ちで奉仕したいと思ひ入隊を志願したのであらうが、飽《あ》くまで自衛隊の主たる任務は国防なのである。命を懸《か》けて戦ふのが任務であることを肝《きも》に銘《めい》じて入隊して欲しい。そして、入隊の窓口である各都道府県の地方協力本部の広報官たちも、国民に評価され易《やす》い災害派遣活動の宣伝に終止符を打ち、「自衛官は、一朝事ある秋《とき》、命を懸けて戦ふために存在する」といふことを公言して募集業務に当たるべきである。

　では、国防を任務とする自衛隊の隊員たちに、国の為に命を懸けて戦ふ覚悟があるのかと問はれれば、首を横に振らざるを得ない。筆者は三十六年自衛隊に奉職《ほうしょく》し、その間自衛隊の内実をこの眼ではつきりと見てきたからこそさう言へるのである。将来、憲法に「自衛隊」が明記されてその存在が認められ、或《ある》いは、軈《やが》て我が民族の伝統に則した自主憲法が制定され「自衛隊」が「国軍」と改められたとしても、全国約二十五万人（令和四年三月の現員は二四七、一五四人）の自衛官の「心」が今のままでは、国を守ることなどできないと断言する。そして、自衛官だけではなく、国民の鞏固《きょうこ》なる国防精神が根幹《こんかん》にない限り、国を守ることはできないのである。

　自衛官が、国防といふ崇高《すうこう》な使命を有する組織で在りながら国防意識が薄弱《はくじゃく》、或いは皆無《かいむ》であるのは、先《ま》づ彼らが、日本が如何《いか》に素晴らしい国であるのか、如何に輝かしい歴史と伝統を有してゐる国なのかを知らないからではないだらうか。祖国に対する誇りさへないのだから、そこに愛国心もなければ、殉国《じゅんこく》精神もないのだ。

　私は、在職間その事を憂《うれ》へ、隊員たちの意識改革に力を灌《そそ》いだ。そして、今は軍籍を

はじめに

離れ野に下つた身ではあるが、全国自衛隊の隊員たちの教導《きょうどう》、殊《こと》に国防意識昂揚《こうよう》のための助けになればと思ひ、また、嘗《かつ》て共に練磨《れんま》し、共に学んだ有志隊員たちからの強い要望もあり、これまで書き散らしたものを一つに纏《まと》めた。現職自衛官は本《もと》より、予備自衛官、そして、多くの国民の皆さんに読んで戴《いただ》き、軍民共に国防精神を鞏固なるものにしたいと念願する次第である。

なほ、先にも述べたが、本書の内容は殆《ほとん》ど筆者が自衛隊在職間に執筆・発表したものであり、その多くは、隊員の教育資料として定期的に発行してゐた小誌『言靈《ことだま》』『もののふ』をはじめ、部隊内に掲示し、或いは隊員たちに配布したもの、また、『不二』『道の友』等の機関誌に掲載されたものである。世には、自衛隊在職間は現下体制に露《つゆ》も抗《あらが》ふことなく微温湯《ぬるまゆ》にどつぷり浸かり安楽な生活環境に甘んじてゐたにも拘《かか》はらず、自衛隊を退職した途端、然《さ》も現職時代に主張し続けてきたかのやうに自衛隊の不備を言挙《ことあ》げする輩《やから》がゐるが、これは正々堂々たる態度ではなく、当然のことながら彼らの論考は実《じっ》践《せん》を伴《ともな》はない無責任なもので、そこに信頼性はない。本書がそのやうな類《たぐ》ひと一線を画するものであることを御承知の上お読み戴きたい。

筆者

凡　例

一、本書の表記は国語の正格に随《したが》ひ正仮名遣ひ縦書きを原則とした。但《ただ》し、書名、引用文等が現代仮名遣ひのものは、その限りではない。また、頁《ページ》上部の柱や写真の解説文等「横書」とする場合は、一行一字書（縦書）とした。

二、漢字については、読者に古《いにしえ》より正統と認められてきた漢字の形に慣れ親しんで戴き、延《ひ》いては文化防衛の重要性を認識して戴きたく、正字体で統一することを検討したが、それにより却《かえ》つて読書意欲を減退させる事態を招くことは筆者の本意ではなく、寧《むし》ろ現代の青少年にも広く読んで戴きたいとの思ひから、所謂《いわゆる》新字体を使用した。但し、固有名詞等の正字体はその限りではない。また、漢字の振り仮名は、その読み方を示すといふ目的を尊重し、現代仮名遣ひを用ゐることとした。長年守り続けてきた節義（信念・主義）を曲げることに対する誹《そし》りは甘んじて受ける覚悟である。

三、本書の内容をより理解して戴くため巻末に「語釈」を附したが、文意理解のため必要な解釈のみに限定した。

四、自衛隊で使用されてゐる特殊な用語（軍事用語）は極力避けて編輯《へんしゅう》したが、使用する場合は、括弧《かっこ》内に解説を加へた。民間有志にも広くお読み戴きたいからである。

五、各章の主題に添つて小論を一つに纏めたが、編輯の都合上必ずしも執筆の年代順になつてゐない。その点御理解戴き、末尾の脱稿《だっこう》年月を参考にお読み戴きたい。

六、本書中の随処《ずいしょ》に拙著『御楯《みたて》の露《つゆ》』から抜萃《ばっすい》した拙詠（和歌）を掲載した。小論理解の参考として戴ければ幸ひである。

目次

第五章　戦ふための心構へ

装幀　古村奈々＋Zapping Studio

第一章

四方《よも》山話《やまばなし》に花が咲く

昭和の自衛隊の実態

私が自衛隊に入隊した昭和の時代は、極端に入隊志願者が少なく、それゆゑに志願者を募集《ぼしゅう》する業務に従事《じゅうじ》する隊員は、各自に課《か》せられたノルマを達成するのに大変な苦労をしたといふ。東京裁判史観《しかん》による大東亜戦争《だいとうあせんそう》の否定は、戦後の自衛隊の存在をも否定し、自衛官は悉く《ことごと》罪人扱ひされてゐた。だから、高等教育を受けて知的労働に携《たずさ》はらうとする知識層は、当然自衛隊への入隊を志願しなかつた。つまり、昭和の時代の自衛隊にとつては有能な人材の確保が困難であつたのである。募集業務に従事する隊員たちは競《きそ》つて街に繰り出し、就労《しゅうろう》せずに昼間から遊び歩いてゐる者を見つけては肩を叩き、自衛隊への入隊を勧《すす》めた。定員割《わ》れしないための人員確保が最優先であり、質よりも数の方が大事であつたので、入隊のための試験は有つて無いやうなものだつた。当時の試験は、今日のやうに指定された試験会場で行はれるのではなく、肩を叩いた広報官が所属する募集《ぼしゅう》事務所でこつそり行はれるので、自分の名前を書けて、父母どちらかの名前が言へればそれでよかつた。実は私もその口なのだが。

そのやうな訳で、世間では、自衛隊は「馬鹿な奴が行く所」「何処《どこ》にも就職できない奴が仕方なく行く所」と認識されてゐた。だから、先輩たちは、娑婆《しゃば》の人たちとの交流の場で、殊《こと》に女性の前では、自分が自衛官であることを明かさなかつた。彼らのちつちやいプライドがさうさせたのだらうが、愛国心の欠けらもない癖《くせ》に自尊心だけが強く、何とも情けない奴らだと私は感じてゐた。

男には負けるとわかつてゐても戦はなければならないときがある

中には気合ひの入つた陸士長の先輩もゐた。ビール瓶を叩き割り、その破片で自分の頬を傷付けたらしく、左の頬から血が吹き出し、傷口を押さへたタオルが見る見る真つ赤に染まつてゐた。奇妙な自傷《じしょう》行為ではあるが、その先輩は死なうとした訳ではなかつた。どういふ次第でそのやうなことをしたのかを尋《たず》ねると、先輩はにやにや笑ひながら、「俺さあ、キャプテン・ハーロックになりたいんだよね」と二度繰り返して言つた。

私は、先輩がなりたがつてゐる「キャプテン・ハーロック」が何者なのか知らなかつた。読者の皆さんはご存じだらうか。後で後輩に聞いたところ、どうやらテレビで放映されてゐた漫画（アニメーション）の主人公で、左の頬に傷をもつ宇宙の海賊《かいぞく》ださうだ。そして、その海賊ハーロックの「男には、負けるとわかつてゐても戦はなければならないときがある」といふ決め台詞が実に感動的だといふ。ギャンブル好きの先輩で、いつも負けて帰つて来ては酔つて管《くだ》を巻く如何《どう》しやうも無い人だつたが、一朝事ある秋《とき》には、たとひ状況が不利であらうとも、憧《あこが》れのキャプテン・ハーロックのやうに「男には、負けるとわかつてゐても戦はなければならないときがある」と言つて、勇猛果敢《ゆうもうかかん》に戦へる人なのだと感心した。しかし、ギャンブルが人生の全てであるかのやうに生きてゐる彼ならば、若《も》しかすると、競馬・競輪・競艇・パチンコを毎日「負けるとわかつてゐても戦はなければならない」のかも知れない。それでも、それでも私は、彼が前者であることを信じたい。

二十歳の青年に体の洗ひ方を伝授

私が新隊員教育隊の営内班長《えいないはんちょう》として勤務したとき、担当する営内班には実に様々な隊員がゐた。今でも忘れられないのが、一人で風呂に入つたことがない二十歳の青年のことである。新隊員教育隊では、入隊したばかりの隊員たちが自衛隊での生活に慣れるまで、隊員食堂での食事や入浴などを共にするのが通例である。自分の営内班の隊員たちを連れて隊員浴場（大きな銭湯のやうな風呂場）で入浴してゐたときのことである。十分後に浴場前に集合するやう指示をして、自らも手早く体を洗つてゐると、隊員の一人が浴槽《よくそう》を眺めてぼんやりしてゐるのだ。「ぼうつとしてないで早く洗へ。集合時間に間に合はないぞ」と発破《はっぱ》をかけてもぼんやりしたままであるので、隣に座つて訳を尋《たず》ねてみると、一人で風呂に入つたことがないので困惑してゐるといふのだ。困惑したのは私の方だつたが、「よし、わかつた。班長が洗ひ方を教へてやるから、班長と同じやうにやつてみろ」と言つて、当時はまだボデイソープといふものがなかつたので、タオルを濡《ぬ》らし石鹸《せっけん》を擦《こす》りつけて泡立《あわだ》たせることから教へた。能《よ》く能く聞いてみると、入隊するまでは「お母さんと一緒にお風呂に入つて体を洗つて貰《もら》つてゐた」さうだ。このやうな現状に驚愕《きょうがく》したものの、かういふ隊員を我が子のやうに手取り足取り教へ導くのは、楽しくもあり、また遣《や》り甲斐《がい》もあつた。一朝事ある秋《とき》、共に戦はねばならないと思へばこそである。

無学文盲の教へ子こそ愛しけれ

また、隊員の中には字の書けない者もゐた。平仮名も満足に書けず、「が」や「ざ」のやうに仮名の右肩に「〝」をつけて表す濁音《だくおん》、「ぱ」や「ぴ」のやうに仮名の右肩に「。」をつけて表す半濁音、また、促音《そくおん》（小さい「っ」で表記する詰まる音）なども書けなかつた。句読点《くとうてん》（句点「。」と読点「、」）もつけることができなかつたので、彼の作文は解読《かいどく》が難しい仮名の羅列《られつ》でしかなかつた。彼は、今日《こんにち》言はれてゐる書字《しょじ》障害《しょうがい》とは異なり、小学校にも満足に通へない家庭環境にあつたために、平仮名すら学ぶことができなかつたのである。彼はまた計算も苦手だつた。両手の指を使つてできる範囲《はんい》の足し算は何とかできたが、答が十を超える計算はできず、また引き算は全くできなかつた。対外的には教育水準が高いと評される日本の初等教育だが、彼のやうに学力が著《いちじる》しく低く、字の書けない無学文盲《むがくもんもう》の青年が実在することを文部省は把握《はあく》してゐないだらう。

教育期間中にせめて読み書き・計算ができるやうにと思ひ、先《ま》づは小学一年生用の学習ドリルを買つてきて、毎晩一緒に勉強した。そして三か月頑張つた彼は、名字だけが自分の名前を漢字で書けるやうになつた。また、文の終はりに句点「。」をつけることも覚えた。そして、苦戦してゐた繰り上がりの計算も指を使はずにできるやうになつた。

　教育を修了した彼と別れるその日、私にしがみついてわんわん泣いてゐた彼のことを今でも忘れられない。彼は、他の隊員たちに比べると著《いちじる》しく知能が低く、また動作も鈍《にぶ》かつたが、決して嘘《うそ》をつかなかつた。実に素直で真正直な青年だつた。私が口癖のやうに、「日本に悪い奴らが来たら、班長と一緒に戦ふからな」と言ふと、決まつて彼は、「はい、班長と一緒に戦ひます」と真顔で答へた。だから私は確信してゐる。国家存亡《そんぼう》の秋《とき》、彼もまた銃を執《と》り命を懸けて戦ふことを。

上官にお茶を差し上げる作法は如何に

　軍に於《おい》ても民間に於ても、上官・上司たる人にお茶を差し上げる場合、先づ急須《きゅうす》に茶葉を入れ、湯を注《そそ》いで煎《せん》じ出す。そして、湯呑《ゆの》み茶碗《ぢゃわん》に注ぎ、茶托《ちゃたく》に載《の》せて出すのが一般的である。茶托が無い場合でも、せめてお盆《ぼん》に載《の》せて運んで、お茶を差し上げたい。そして、差し上げる際には、「粗茶《そちゃ》ですがどうぞ」「粗茶で御座いますが」くらゐの一言を添へて欲しいものだ。私は、ここで第一級の作法を奨励《しようれい》する訳ではない。少なくとも上官・上司に対し失礼なくお茶を差し上げられるやうになつて欲しいのである。昭和の時代の自衛隊には、荒《あら》くれ者が多く粗暴《そぼう》な振る舞ひが日常的であつたが、何故《なぜ》か先輩たちはかういふ「お茶出し」には厳《きび》しかつた。

私が新隊員教育を修了して初めて配属《はいぞく》された部隊の先輩たちは、どちらかといふと日本茶よりも珈琲《コーヒー》を好まれた。即席の珈琲を差し上げる場合には、予《あらかじ》め先輩の好みを承知しておくことが望ましいが、わからない場合は好みを伺つてそれに適《かな》ふものを差し上げるのが常識である。配属当初、一番下《した》つ端《ぱ》で「茶坊主《ちやぼうず》」と呼ばれてゐた私は、先輩たちの好みを把握《はあく》しようと努めた。その効《かい》あつて、インスタントながらも私の淹《い》れた珈琲は中々好評だつた。

ところが、ある日のこと、私がまだ好みを把握してゐない陸曹《りくそう》の先輩が突然営内班を訪ねて来て、部屋に入るや否《いな》や「おい、珈琲」と言つたのだ。その先輩は、実力が無いのに偉《えら》ぶつて空威張《からいば》りするタイプで、いけ好かない奴だつた。「いきなり入つてきて『おい、珈琲』はないだらう。第一、俺は珈琲ぢやない」と心の中で呟《つぶや》きながらその先輩に好みを伺《うかが》ふと、「アメリカンにクリープ耳掻《みみか》き一杯」と言ひ放つた。いけ好かない先輩の「アメリカン」といふ言葉に不快感を覚えた私は、飛び切り薄くした珈琲に、愛用の耳搔きでクリープ（粉末ミルクの商品名）を一杯入れてやつた。勿論《もちろん》、先輩がよく見えるやうにゆつくりと。いけ好かない先輩は、真つ赤な顔をして怒り、「ほんとに耳搔きで入れてんぢやねえよ」と喚《わめ》き立ててゐたが、私が拳《こぶし》を握つて構へ、「耳搔き一杯つて言ひましたよね。言つたよな、おい」と言つたら、あたふたして部屋から出て行つてしまつた。先輩の好みを伺つてそれに適ふものを差し上げたのに、全く酷《ひど》い話である。

平成に御代替《みよが》はりしてからだらうか、世のＯＬたちが上司への「お茶出し」に煩《わずら》はしさを感じたのか、それとも家庭で仕付けられてゐないからできないのかわからないが、彼女たちが徒党《ととう》を組んで異議《いぎ》を唱《とな》へ、職場で「お茶出し」を放棄《ほうき》する様子を態々《わざわざ》テレビで報道してゐた。そして、遂《つい》にそれこそが女性蔑視《べっし》問題であると騒《さわ》ぎ出したものだから、「お茶出し」は「封建《ほうけん》主義の典型《てんけい》」とされ、あつといふ間にその姿を消してしまつた。さういふ次第で、家庭できちんと仕付けられた女性は別として、大方《おおかた》の女性は満足にお茶を入れることができなくなり、その女性に育てられた子供たちは、当然の結果として、目上の人にお茶を差し上げる作法など知る由《よし》もないのである。珈琲メーカー等の設置・普及により、職場では個人ごとにお茶や珈琲を飲むやうになつたといふ。「お茶出し」を通じて、上司と部下が互ひの意思や感情を伝達し合ふことができるのに残念なことである。

私は現役の頃、隊員たちに、「お茶出し」は勿論、配膳《はいぜん》の仕方、入室の要領、挨拶《あいさつ》の仕方、敬語の遣《つか》ひ方などを徹底的に教育した。その効あつてか、偶《たま》に部隊を訪問したときなどは、私が椅子《いす》に腰掛《こしか》けるとすぐに御絞《おしぼ》りとお茶を出してくれる。勿論、前述の「お茶出し」の作法に則《のっと》つてである。小さなことかも知れないが、後輩たちが先輩・上司に対して礼を尽くす所作を実践してゐることを嬉しく思ふ。そしてまた、彼らが後輩たちに、その意義と共に作法を伝授してくれることを願つて止まない。

バンガローの話

自衛隊で「バンガロー」と呼ばれてゐる「破壊筒《はかいとう》」についてのこの話は、昭和の四方《よも》山話《やまばなし》の一つとして今でも時々耳にするのだが、どういふ訳か話の「落ち」だけが語り継《つ》がれ、語り伝へるべき大切な部分が欠落してしまつてゐることに私は不満を感じてゐる。なぜなら、この話は、私が実体験に基づいて後輩たちに語つたものだからである。

小学生のときにクラスのレクリエーションで夢中になつた「伝言ゲーム」で、わづか十人なのに正しく伝言してゆくことが難しかつたのを覚えてゐる。況《ま》してや私の長い話ともなれば尚更《なおさら》だらう。しかし、一番伝へたかつたことが内容から削除《さくじょ》されてしまつたのは実に悲しいことである。

さて、自衛隊も世界のどの軍隊も、防御《ぼうぎょ》戦闘をする場合、陣地の前に地雷原《じらいげん》や鉄条《てつじょう》網《もう》などの障害を設《もう》けるのが通常である。それは、陣地に突撃《とつげき》しようとする敵の衝撃力《しょうげきりょく》を障害によつて緩和《かんわ》し、その機《き》に乗じて敵の突撃を破砕《はさい》・殲滅《せんめつ》（皆殺し）しようとするためである。一方、攻撃をする立場からすれば、攻撃に先立つて、或《ある》いは突撃前に地雷原や鉄条網を砲迫《ほうはく》射撃等によつて無効化《むこうか》できればよいのだが、その実現は困難であらう。

そこで、地雷原爆破装置なるものが必要となるのである。それは、爆薬が詰まつた太い綱《つな》（爆索《ばくさく》）を投射《とうしゃ》し、爆索が地雷原の地表に接したところで点火《てんか》・爆破して、人員が通過し得る通路を開設するものである。人が一人通れるほどの狭い通路ではあるが、その部分だけは地雷が誘爆《ゆうばく》して処理されてゐるので、攻撃部隊はそこを通つて敵陣に突入するといふ訳である。しかし、地雷原爆破装置も万能ではなく、投射した爆索が地表の凸《とつ》部と凸部の間で橋渡し状態になつてしまつたところは、爆索が爆発してもその下方凹《おう》部の地雷が誘爆してゐないことがあるのだ。

このやうな地雷が処理されてゐない部分（未処理部分）を発見したとしても、突撃をして敵の陣地を占領するといふ任務があるのだから、犠牲を覚悟して強行突破し、突撃を成功させなければならないのである。そしてまた、もし突撃が失敗すれば、隣接《りんせつ》部隊の作戦にも大きく影響し、全体として攻撃が頓挫《とんざ》してしまふ恐れがあるといふことを認識しておかなければならない。このことを能《よ》く能《よ》く体《たい》し、決して怯《ひる》まず懼《おそ》れず、勇猛果《ゆうもうか》敢《かん》に突撃しなければならないのである。任務第一が軍人の宿命なのだから。

しかしながら、状況によつては、地雷原の未処理部分や頑丈な鉄条網を突撃する部隊が自ら処理して前進しなければならないこともあるだらう。さういふ場合に有効なのが「破壊筒《はかいとう》」、通称「バンガロー」である。

破壊筒は、工事現場などでよく見かける鉄パイプのやうな筒《つつ》の中に爆薬が詰まつてゐるものである。点火をして地雷原や鉄条網に投げ込んだり、必要数を連結して地雷原に押し出し点火する方法などがある。いづれにしても有効な手段であるので、普通科部隊（歩兵部隊）は「破壊筒（バンガロー）」を調達して、突撃の際必ず隊員に携行させるべきである。色々と御託《ごたく》を並べて必要性を否定する者もゐるが、いづれも体力が乏《とぼ》しい輩《やから》ばかりである。バンガローを四、五本背負つて突撃するくらゐの体力がなくては普通科隊員として務まらないのではないだらうか。

さて、この破壊筒が考案《こうあん》されたのは何時《いつ》かといふと、確か第一次世界大戦が始まる少し前（今から約百十年前）だつたと思ふ。

破壊筒（バンガロー）、つまり一般に広く称されてゐる「バンガロール爆薬筒《ばくやくとう》」は、インド南部のバンガロール地域（現在はベンガルール）に駐留してゐたイギリス軍のマックリントツク大尉が考案したものが原型であり、その後改良されて現代も使用されてゐる。

日本陸軍では、昭和七年、第一次上海事変《シャンハイじへん》において竹筒《たけづつ》を使用した破壊筒が現地で製造され使用されてゐた。ここで必ず知るべきは、かの「肉弾三勇士《にくだんさんゆうし》」についてである。トーチカ（鉄筋コンクリート製の防御陣地）と鉄条網に守られた国民革命軍（中国国民党の軍隊）の堅塁《けんるい》を抜くべく、独立工兵第十八大隊（久留米《くるめ》）の江下武二《えしたたけじ》・北川丞《きたがわすすむ》・作江伊之助《さくえいのすけ》の三名の一等兵は、点火した破壊筒を抱へて鉄条網に到り、我が身もろとも前に投げ込み自爆して遂に突撃路を開いたのである。この三勇士を世に「肉弾三勇士」といふ。与謝《よさ》野寛《のひろし》（鉄幹《てっかん》）作詞・陸軍戸山学校軍楽隊作曲の『爆弾三勇士の歌』、そして、内田良平《うちだりょうへい》作詞の『肉弾三勇士』を唱《うた》ふたびに、壮烈無比《そうれつむひ》なる三勇士を偲《しの》び、感涙《かんるい》に噎《むせ》ぶのである。

紙面の都合上略述したが、破壊筒を使用する訓練の際、私は決まつてこの話をしてゐた。しかし、残念ながらこの後にお話する「落ち」だけが取り上げられ語り継がれてゐるやうだ。

昭和の時代の話である。小隊は敵陣に突撃すべく突撃路を一列縦隊で前進してゐた。小隊の最後尾《さいこうび》を前進する小隊陸曹（小隊長の補佐役）がバンガローを二、三本携行してゐて、地雷原や鉄条網の未処理部分があつた場合には、直ちにバンガローを最前線に送り、障害を処理して突撃を続行するといふのが、訓練の見せ場でもあつた。あの日もさうだつた。小隊の突撃に際して先頭の小隊長が、訓練を統制する審判官《しんぱんかん》から「地雷原の未処理部分がある」といふ設定を付与されたのである。その時の小隊長は定年退官間近の老《ろう》小隊長ではあつたが、振り向きざまに大声で「バンガロー」と叫んだ。一刻も早く最後尾の小隊陸曹にバンガローが必要なことを伝へようと、三十人余りの隊員たちは小学生の伝言ゲームよりも遥かに速いテンポで、「バンガロー」「バンガロー」「バンガロー」「バンガロー」と逓伝《ていでん》（次々に伝へること）したのだ。そして、小隊陸曹のすぐ前にゐた隊員まで逓伝されると、彼は小隊陸曹の方に大きく振り向き、「ガン、バロ、ー」と叫んだ。小隊陸曹は、満面の笑みを浮かべてこれに負けないくらゐの声で「おー」と応へたのである。突撃が失敗に終はつたのは言ふまでもない。軍務遂行に於て「逓伝」が如何に重要であるかを思ひ知らされた有意義《ゆういぎ》な訓練であつた。

第二章　国歌「君が代」の来歴と具体的解釈

歴史的仮名遣ひのすすめ

唐突《とうとつ》ではあるが、「地面」に振り仮名を付けて戴きたい。

さて、恐らく皆さんは、小学生の時に習つた通り、「じめん」と答へたのではないだらうか。或いは、「ぢめん」ではないかと迷つたかも知れない。正解は「ぢめん」。「地」は「地球」の「地」だから、濁《にご》らなければ「ち」の音で、「地面」も「ぢめん」でなくてはならない。「じめん」とするのは明らかに間違ひで、「ぢめん」が正しいのだ。前者を「現代仮名遣《かなづか》ひ」、後者を「正仮名遣《せいかなづか》ひ」または「歴史的仮名遣ひ」と言ふ。

今日、国民の大半が使用してゐる「現代仮名遣ひ」は、大東亜戦争《だいとうあせんそう》の敗戦に際し、我国の弱体化、即ち日本文化の蹂躙《じゅうりん》[1]を企図《きと》[2]する占領軍の強圧下に、国語改悪論者どもが然《さ》したる研究・検討もせず採用したものであり、日本語の文法体系を根底から破壊したものである。

世には、戦後教育を批判し、今日の日本を憂へ、その再生を叫ぶ仁《じん》も少なくない。しかし、愛国者と言はれる人々の日常をみると、その大方は、戦後アメリカ占領軍が日本文化の破壊を企図してその使用を強要した間違ひだらけの「現代仮名遣ひ」を許容し、何の疑問も抵抗もなく遣ひ慣はしてゐるやうだ。私は、この矛盾《むじゅん》に合点《がてん》[3]がいかない。文化の根幹たる国語を等閑《なおざり》（いい加減にして放つておくこと）にして民族の精神を説いたところで、それは魂の欠如した戯言《たわごと》に過ぎないのである。

勿論、正統な国語を窮《きわ》めながらも、読者の要望に応へて「現代仮名遣ひ」を用ゐる例も少なくない。しかし、私に言はせれば、これも矛盾であり、妥協であり、愛国者自らによる伝統の蹂躙《じゅうりん》である。

「歴史的仮名遣ひ」は決して難しいものではない。嘗《かつ》ては誰もが苦も無く遣つてゐたのである。戦後教育を受けてきた人々には、「歴史的仮名遣ひ」を修得するのに些《いささ》かの努力が必要であらうが、試みれば、如何に「現代仮名遣ひ」が矛盾に満ちてをり、「歴史的仮名遣ひ」が如何に合理的であるかが解る筈《はず》である。

私が言ふまでもなく、「歴史的仮名遣ひ」を覚えたいといふ人のためには、「歴史的仮名遣ひ」の修得法をまとめた良書『歴史的仮名遣ひのすすめ』がある。平成元年に神社本庁研修所から刊行されたものであるが、平易《へいい》な文章で解説されてをり、入門者には打つて付けの参考書であるので推薦したい。（※令和五年現在、「神社新報」のホームページに掲載）

言葉は民族の生命《いのち》。私たちは、この民族の生命《いのち》である国語を命懸《が》けで守つてゆかなければならない。母国語を守ることは、即《すなわ》ち母国を守ることではないだらうか。
先づは始めることである。誰でも最初は間違ひの連続であらう。或いは、時に周囲の嘲笑《ちょうしょう》を受けるかも知れない。しかし、本当に日本を愛し、その文化伝統を守らうとする者は、正統な国語表記である「歴史的仮名遣ひ」を必ず実践しなければならない。本日只今から取り組むべきである。

（平成十八年十二月『言霊』）

国歌の来歴

高等学校にお勤めの私の先輩は、授業の際に、生徒に国歌の歌詞を書かせてみるさうだが、遺憾《いかん》[4]ながら殆《ほとん》どの生徒が満足に書くことができないといふ。特に、「巌《いわお》となりて」の部分を「岩音なりて」と誤記する生徒が多いさうだ。これは、平成十一年八月に国歌が法制化された際、文部省が、「巌となりて」の「巌」を平仮名で表記し「いわおとなりて」としたことに原因があると指摘してゐた。納得である。私も、自衛隊に入隊したばかりの新隊員や所属部隊の若年隊員に、機会を見つけては国歌の歌詞を書かせてゐたが、高校の生徒と全く同じ残念な結果であつた。高校生が書けないのだから、高校を卒業したばかりの隊員が書ける筈ないのである。私の先輩のやうに生徒を正しく導いてくれる先生が、一人でも多く現れることを期待して止《や》まない。

お恥づかしいことだが、自衛官もまた、年齢《ねんれい》・階級に関係なく国歌を正しく書けない者が少なくない。書店で探せば、国歌の歌詞を正しく解説してゐる書籍《しょせき》くらゐありさうだが、ここでは、参考までに私が現役の頃隊員たちに教育してゐた内容を提示して、皆さんと勉強してゆきたいと思ふ。

日本人は、その昔から多く歌を詠《よ》んできた。それも一部の上流階層《かいそう》に限つたことではなく、一般の庶民にまで及んでゐたことは、万葉集《まんようしゅう》[5]などを覧《み》れば明らかである。そこにある多くの歌には、作者の名が記されてゐるが、名が記されてゐない歌も少なくない。名が記されてゐないのは、推察《すいさつ》するに、詠《よ》まれた時代が古く作者の名を逸《いつ》してしまつたり、或いは作者の身分が低いためにその名を秘《ひ》したとも考へられるが、いづれにしても、歌としては遜色《そんしょく》[6]がなく、寧《むし》ろ多くの人々に親しまれてきた歌ゆゑに集に加へられたのだらう。

さて、国歌「君が代」の原歌《もとうた》とされるものは、「古今和歌集《こきんわかしゅう》」に「題《だい》しらず読人《よみびと》しらず」

の「賀歌《がのうた》」[7]として収められてゐる。この「古今和歌集」は、平安前期、醍醐《だいご》天皇の御代《みよ》延喜《えんぎ》五年、勅命《ちょくめい》を受けた紀貫之《きのつらゆき》[8]らによつて編纂《へんさん》された歌集であり、全二十巻一一一一首から成るが、その巻七に収《おさ》められてゐる「賀歌」の中に、国歌「君が代」の原歌とされる

わが君は　千代《ちよ》に八千代《やちよ》に　細《さざ》れ石の　いはほとなりて　苔《こけ》のむすまで

がみられる。延喜当時《えんぎとうじ》、この賀歌が、時の天皇の御聖徳《ごせいとく》を称《たた》へ御長寿《ごちょうじゅ》を祈り奉《まつ》る歌として理解されてゐたことからも、「わが君」の「君」が天皇陛下であることは明らかであり、今日の国歌「君が代」に於ける「君」もまた、天皇陛下であることは、最早《もはや》疑ふ余地のない常識である。

言霊の神秘霊妙な力

さて、国歌の歌詞を具体的に解説する前に、その前提となる大切なことをお伝へしたい。皆さんは、「言霊《ことだま》」といふ言葉を聞いたことがあるだらうか。言霊とは、言葉には神秘《しんぴ》な力、霊妙《れいみょう》[9]な力が宿つてゐるといふ我が民族の信仰《しんこう》である。それは、善《よ》い言葉を

発すれば善い結果を齎《もたら》し、悪い言葉を発すれば悪い結果を齎すといふものであり、それがゆゑに、人々は言葉に対して極力慎《つつし》みを深くし、これを乱してはならないと考へたのである。言葉の乱れといふものは、心の乱れ、生活の乱れを齎し、延いては、社会、国家の乱れを引き起こすものであるから、常にこれを正してゆかねばならないといふ我が民族の大切な思想信条なのである。このことは、決して過去のことではなく、今日もなほ我々日本人の心の中に生き続けてゐる。例へば、結婚披露宴《ひろうえん》などのお祝ひの席では、「切る」「離れる」「別れる」「終はる」や「去る」「帰る」「戻る」などの言葉は不吉であるとして避け、また、「梨」を「有りの実」、「するめ」を「あたりめ」などと言ひ換へたりもする。このやうに、不吉な意味の語を連想させる言葉（忌《い》み詞《ことば》）を避《さ》け、それに代はる言葉を使用するのが習はしである。例へば、「有《あ》りの実《み》」は、「梨《なし》」の音が「無し」に通ずるのを嫌つて、対義の「有り」を用ゐたもので、「あたりめ」は、「するめ」の「する」を嫌つて使はれる言葉である。また結婚式で「終はる」を「お開きにする」といふのもその類ひである。そしてまた、お悔《く》やみの際、「重ねる」「再び」などの不吉なことを連想させる言葉は避けるのが常識である。これらは、今日の人々の心の根柢《こんてい》に「言霊」の信仰があるからこそと思ふのである。ただ、遺憾《いかん》ながら、この言霊といふものを全く意識せずに、お目出度《めでた》い席で平気で不吉な言葉を吐く輩がゐるのも事実である。私は、嘗《かつ》て出席した結婚披露宴の主賓《しゅひん》の祝辞《しゅくじ》を忘れることができない。社会的地位のあるお年を召された主賓であつたので、その祝辞を安心して聞いてゐたのだが、一瞬にして会場は凍り付いた。彼は屹度《きっと》、新郎新婦にとつて「結婚は人生の大切な節目である」と言ひたかつたのであらうが、勢ひ余つて声高《こわだか》に「ここが人生の別れ道なのです」とやつてしまつた訳である。臨席の皆さんも苦笑したことだらう。或いは、こんなこともあつた。やはり結婚披露宴でのことだが、宴《えん》も酣《たけなわ》、美味《おい》しいお食事の後のデザートは何かしらと献《こん》立表《だてひょう》を覗《のぞ》いてみると、そこには「洋梨のタルト」と書いてあるではないか。先程、「梨」が「無し」に通じて不吉であることを記したが、まさかの「洋梨（用無し）」には息を呑《の》んだ。将来、新郎が用無しになるのか、新婦が用無しになるのかは、神のみぞ知るところであるので、今はただ遠くから見守つてゐる次第である。反面教師《はんめんきょうし》[10]としたいものである。

さて、昨今街に出ると、歩きながら物を食べてゐる禽獣《きんじゅう》[11]の如き若者を多く見かける。それも周囲の目を全く気にせず平然とである。また、飲食店では、食卓に臂《ひじ》を突き、或いは足を組んで食事をしてゐる人が散見《さんけん》[12]される。しかも、食べながらぺちゃくちゃしゃべつてゐるので、不快極《ふかいきわ》まりない。親の顔が見てみたいものである。それでも、このような人たちでさへも、恋心を寄せてゐる人にその気持ちを告げようと思へば、己が恋を実らせるために、善い言葉を慎重《しんちょう》に選び、言霊の神秘霊妙な力を信じて、言葉を発するのであらう。やはり、言霊の思想は、今日もなほ人々の心の中に生き続けてゐるのである。

国歌の具体的解釈

随分《ずいぶん》前に、何処《どこ》その社会人類学者が、「君が代」の「君」は「あなた」の意であると真《まこと》しやかに[13]語つてゐたが、それが非常識も甚《はなは》だしく、且《か》つ重大な誤りであることは言ふまでもない。「君」は、申し上げるまでもなく天皇陛下であり、「が」は所有・所属《しょぞく》を表す格助詞《かくじょし》で「…の」の意を表す。また「代」は、(天皇の)御代《みよ》・治世《ちせい》のことである。従つて、「君が代は」を直訳すれば、「天皇陛下の御代は」「天皇陛下のお治めになる御代は」「天皇陛下が御統治遊ばされる御代は」となる。我が国は、天皇陛下を奉戴《ほうたい》[14]する君民一体の国柄である。初句の「君が代は」は、正に我が国の国柄(国体)を示してゐるのである。

第二句「千代に八千代に」の「千代」は、千年・長い年月・永久の意で、「八千代」は、八千年・極めて多くの年数を表す。「千代に八千代に」は「千代に」を更に強調した表現で、「千年も幾千年も」「永久永遠に」と訳される。つまり、第二句では、「君が代」の時間的な永久・永遠性を切願してゐるのである。

　第三句、第四句「細れ石の巌となりて」の「細れ石」は、小さな石・細かい石のこと。「の」は主語を表す格助詞で、「…が」の意である。また、「巌」は、ひときは聳《そび》え立つた大きな岩・巨岩をいふ。つまり、「細れ石の巌となりて」は「小さな石が巨岩になつて」と直訳されるが、これは、長い歳月をかけて生生化育《せいせいかいく》[15]してゆくことを、自然界に起こる現象に準《なぞら》へて表現した比喩《ひゆ》であらう。実際に、岐阜県の春日川《かすがかわ》上流には、伊吹山《いぶきやま》から流れ出た無数の小石が凝結《ぎょうけつ》した巨岩《きょがん》（岐阜県天然記念物「石灰質角礫岩《せっかいしつかくれきがん》」）が存在してをり、恰《あたか》も小石が成長して大磐石《だいばんじゃく》[16]となるそのさまに、民族繁栄への祈りが籠《こ》められてゐると考へられる。

　結句「苔のむすまで」の「むす」は、生《は》える（産《む》す）の意。長い年月をかけて大きく成長した巨岩に苔が生えるまでといふから、陛下の御統治遊ばされる御代が遥か将来に亘《わた》つて栄えて欲しいといふ祈りが籠《こ》められてゐるのである。

　さて、「いはほ」といふ言葉に注目して戴きたい。ここにも、先に述べた「言霊の思想」

が籠められてをり、君が代弥栄《いやさか》[17]の祈りが一段と強化されてゐると感じるのである。「いはほ」は、「いは」＋「ほ」の形で構成されてゐる。「いは」は「岩」であり、その「岩」に「ほ」といふ語を附してその意味を強めてゐると考へられる。それでは、「ほ」にはどんな意味があるのだらうか。「ほ」といふ言葉からは、誰もが「稲穂」の「穂」を連想するであらう。秋風に揺れる黄金色の美しい稲穂のその穂先には、我が民族が三千年近く食べ続けてきた将に民族の生命の糧《かて》である稲魂《いなだま》（お米）が瑞々《みずみず》しく稔《みの》つてゐる。その民族の生命《いのち》の糧《かて》、生命そのものが凝縮された部分こそが、「稲穂」の「ほ」なのである。「波の穂」の「ほ」はどうだらう。大海原《おおうなばら》の波と波がぶつかり合つた、その最も勢ひが強く、力の溢《あふ》れる部分が、「波の穂」の「ほ」である。また、「炎」は「火の穂」であり、熱く燃え上がる最も高温な先端部分が「炎」の「ほ」なのである。その他にも、「秀《ほ》」には、「高く秀《ひい》でてゐる」「他よりも際立《きわだ》つて優れてゐる」といふ意味がある。このやうな意味を持つ「ほ」といふ語を「岩」に附して、「いはほ」といふ言霊に満ち溢れる言葉が遣はれるやうになつたのであらう。そして、軈《やが》てそれが国歌の中に見事に歌ひ上げられ、「細れ石のいはほとなりて」といふ民族の繁栄、君が代弥栄の祈りを「ほ」の持つ神秘霊妙なる言霊の力を以《もっ》て、一層強烈な民族の熱禱《ねっとう》へと高めてゐるのである。

なほ、国歌を歌ふ際に特に注意すべき箇所がある。それは、「さざれ石の」の部分である。先に述べたやうに、「さざれ石」で一つの語なので、「さざれ石の」まで息継ぎをせずに歌ひ、必要ならばここで息継ぎして「巖となりて」と続けるのが正しい歌ひ方である。式典などで国歌を奉唱する時に、愛国者を名告《なの》る人の中にも、「さざれ」の後に大きく息継ぎしてゐる人が散見されるのは実に情けないことである。そのやうな場面に直面したならば、たとひ相手が誰であらうとも、何憚《はばか》ることなく教へてあげて欲しいものだ。

（平成十一年「みたま奉仕會」会報『瑞穂』）

第三章

国旗掲揚に関はる常識

国旗掲揚のすすめ

昭和五十六年当時の話である。中学二年生の時、在校生として卒業式に参列した私は、国旗の掲揚《けいよう》が無く、国歌を唱はぬ式典の不自然さに疑問を抱き、式の後で担任の教師にその理由を尋ねた。すると、その担任教師の態度は豹変《ひょうへん》し、明らかに憎悪に満ちた眼で私を睨みつけながら、反日マニユアルを捲くし立てた。そして、その日のホームルームから彼女の私に対する嫌がらせが始まり、翌年の卒業の日まで続くのだつた。

しかし、この一件以来、私は理論武装に目覚め、反日教師を遣り込めたいばかりに、我国の輝かしい歴史と伝統を兎《と》に角《かく》一生懸命勉強した。御蔭《おかげ》で国旗・国歌の来歴《らいれき》やその意義については早期に識《し》ることができたし、所謂《いわゆる》「民族派少年」として益々磨きをかけていつた。さう考へると、あの日教組（日本教職員組合）の担任教師も、私にとつては大恩人なのかも知れない。

偖《さて》、尊家《そんか》[18]では祝日に国旗を掲揚してゐるだらうか。近年、国旗・国歌の法制化が実現したものの、教育現場では、その意義を説いて民族精神の昂揚《こうよう》[19]に努めてゐる訳ではなく、また、一般家庭で祝日に国旗を揚げる風が定着した訳でもない。寧《むし》ろ、祝日に国旗を掲げるやうな家庭は未だ珍しいやうである。

嘗て、祝祭日は「旗日《はたび》」と称して、各戸に国旗を出して祝ひ、「休日」とは区別されてゐたが、今日の日本社会の激甚《げきじん》[20]な世俗化の中で、「祝日」のもつ固有の意義は失はれ、最早《もはや》現代の人々にとつて「祝日」などは、精々「単なる休日」に過ぎないのかも知れない。皆さんは如何でせうか。

例へば、成人の日、海の日、敬老の日、体育の日などの「国民の祝日」の日付をずらし、土曜・日曜に連結して「三連休」にするやうな祝日法の改正や、また、「『国民の祝日』が日曜日にあたるときは、その翌日を休日とする」といふ振替休日の制度も、祝日を「単なる休日」としてしか考へてゐない証拠である。

更に、昭和六十年十二月の祝日法改正により、五月四日は「国民の休日」といふ休日になつてゐるが、五月三日の「憲法記念日」と五月五日の「こどもの日」を繋いで三連休にするために、祝日でもなく、土曜・日曜のやうな周期的な休日でもない、何の謂《いわ》れもない日を、国民挙《こぞ》つて休む日としてゐる訳である。何とも不可解なことだが、これもまた、祝日と休日を混同する意識の顕《あらわ》れであらう。

しかし、能《よ》く能《よ》く考へてみれば、現行の祝日法（国民の祝日に関する法律）に基づく「祝日」に国旗を掲げる意味を求めるはうが無理なのかも知れない。

抑々《そもそも》、日本国民の歴史意識の断絶を企図《きと》した占領軍の強大な圧力の下、旧制の祝祭日を廃して、昭和二十三年に制定されたのが、今日いふところの「祝日」であり、その名称と意義づけは悉《ことごと》く我国の伝統に則《そく》さぬ歪《ゆが》んだものになつてゐる。

それでは、我国にとつて本質的で重要な祝祭日の解説を試みたいと思ふ。

先づ、元旦には「四方拝《しほうはい》」が執り行はれる。「四方拝」とは、元旦（未明）に天皇御《おん》親《みずか》ら神嘉殿《しんかでん》21の南庭に降り立ち、屏風《びょうぶ》で囲まれた御座《ぎょざ》22に於て伊勢皇大神宮《こうたいじんぐう》、四方諸神及び先帝・先后の陵《みささぎ》23を拝されるものであり、嘗ては全国の官庁や学校などでも様々な式典が行はれた。今日、世間では「四方拝」といふ名称さへ風化しつつあるが、今なほ宮中に於て厳修せられてゐることに感泣《かんきゅう》を禁じ得ない。

二月十一日は元来「紀元節《きげんせつ》」と称せられた。紀元節は、『日本書紀』24に初代神武天皇即位の日と伝へられる「辛酉年春《かのととりのとしはる》正月《むつきの》庚辰《かのえたつの》朔《ついたちのひ》」を二千五百年前に遡《さかのぼ》り太陽暦に換算して求めた日を、日本の建国を記念すべき日として明治六年に定めたものである。戦後、占領軍により廃せられたが、占領下の二十六年からその復活運動が起こり、遂に昭和四十一年、「建国記念の日」として復活した。併《しか》し、どういふ訳か神武天皇の御名は何処《どこ》にも見当たらない。

また、現在の「春分の日」「秋分の日」は、本来春秋二季の皇霊祭《こうれいさい》、即《すなわ》ち「春季皇霊祭」「秋季皇霊祭」のことである。皇霊祭とは、天皇御親《おんみずか》ら皇霊殿[25]で御歴代《ごれきだい》[26]の皇霊を祀《まつ》られる宮中《きゅうちゅう》[27]大祭《たいさい》[28]なのである。

四月二十九日は、昭和の御代の天長節《てんちょうせつ》であり、昭和天皇の崩御《ほうぎょ》[29]後に「みどりの日」と改称され新しく祝日に加へられた。この名称は、昭和天皇が生物学者であり、万物の命（みどり）を大切にされたところから選ばれた由《よし》だが、その趣旨は、「自然に親しむとともにその恩恵に感謝し、豊かな心をはぐくむ」とだけあり、昭和天皇の御聖徳《ごせいとく》[30]を偲び奉《まつ》る文言《もんごん》が何処にも見当たらないのは遺憾《いかん》である。

十一月三日は、明治の御代の天長節であり、大正時代に入つて一旦祝日から除かれたが昭和初年に「明治節」として再び祝日に加へられた。「明治節」が明治陛下の御聖徳を偲び奉り、明治の精神の恢弘《かいこう》[31]を誓ふべき日であるにも拘《かか》はらず、「文化の日」と改称され、その趣旨も「自由と平和を愛し、文化をすすめる」といふ甚《はなは》だ漠然《ばくぜん》とした抽象的なものになつてしまつてゐる。

十一月二十三日は、本来「新嘗祭《にいなめさい》」といふ大祭日である。新嘗祭が、その年に収穫された新穀《しんこく》を天神地祇《てんじんちぎ》に捧げ奉《まつ》り、五穀《ごこく》[32]の豊穣《ほうじょう》[33]を神恩《しんおん》に謝し奉ると共に、天皇御親らこれを聞《き》こし召《め》[34]されるといふ皇国古伝の大祭中の大祭であるのに、「勤労感謝の日」などといふ正体不明な祝日になつてしまつてゐる。

また、十二月二十三日の今上《きんじょう》陛下御降誕《ごこうたん》[35]の嘉辰《かしん》[36]を「天長節《てんちょうせつ》」と称せず、「天皇誕生日」などといふ無遠慮な名称の儘《まま》であることにも納得できないのである。

私は、我国の伝統に則した祝祭日の制定を願ふ者であり、その嘉日《かじつ》[37]に国の御旗を掲げることを奨励《しょうれい》する。併《しか》し、何でも彼《か》でも国旗を揚《あ》げればよいといふものではない。占領憲法制定の日（五月三日）や正体不明な祝日に慶《よろこ》んで国旗を掲げる気にはなれない。御尊家には、旧制の祝祭日を参考に民族的判断を以《もっ》て、大いに国旗を掲揚して戴きたいのである。（※令和の御代の天長節は二月二十三日）

（平成十七年六月『言靈』）

国旗を掲揚する旗衛隊の心構へ

昭和の時代の話である。三等陸曹《さんとうりくそう》[38]に任官したばかりの二十歳の私は、警衛勤務（主として駐屯地の警戒及び営門《えいもん》出入者の監視に任ずる）に上番《じょうばん》（勤務につくこと）するたびに喜びと誇りを感じてゐた。警衛隊《けいえいたい》の歩哨係《ほしょうがかり》（歩哨を指導・監督する役職）は旗衛隊《きえいたい》[39]長《ちょう》を兼ねてゐて、朝夕の駐屯地の国旗掲揚・降下を命ぜられてゐたからである。毎回禊《みそぎ》に禊を重ねて身を清め、上番してゐたのは言ふまでもない。

　私が勤務してゐた駐屯地の国旗掲揚塔は、嘗《かつ》て戦時最高統帥《とうすい》機関である大本営《だいほんえい》が置かれてゐたひときは高く聳《そび》え立つ建物の屋上にあつた。三階から屋上までは、まるで天守閣（大櫓《おおやぐら》）の内部のやうで、やつと一人歩ける程度の狭《せま》く急峻《きゅうしゅん》[40]な階段が果てしなく続いてをり、そこを両手で国旗を捧持《ほうじ》して昇るのは容易ではなかつた。しかも、国旗に息がかからぬやうに両腕《りょううで》を伸ばして高く捧げ持つので、屋上に着くころには腕が痙《つ》りさうになつたものである。駐屯地（基地）には、陸海空の部隊が所在してゐたため、三自衛隊からそれぞれ一名づつを差出し旗衛隊を編成してゐた。旗衛隊長は陸上で、旗衛隊員は海上・航空である。

　初めて旗衛隊長を務めたときの感動は一入《ひとしお》だつたが、一つの疑問があつた。旗衛隊は国旗を取り扱ふため終始《しゅうし》白手袋を着用するのが常識であるのに、旗衛隊長以外の海上・航空の旗衛隊員は素手《すで》で国旗を取り扱つてゐたのだ。国旗掲揚に立会した駐屯地当直司令に、旗衛隊員も白手袋を着用すべきではないかと具申《ぐしん》41したが、「旗衛隊長だけでいいから」と冷たく遇《あしら》はれた。

二回目に上番したときは、予《あらかじ》め海上・航空の部隊に連絡して、旗衛隊員に白手袋を着用してくるやうお願ひしたが、結局素手のままだつたので、国旗に触れることを禁じ、私一人で掲揚した。国旗に敬意を表し、且《か》つ、手垢《てあか》で国旗を汚さぬやうに白手袋を着用するのが常識であらうに。

納得がいかなかつた私は、三回目に上番するとき、旗衛隊員に着用させるため白手袋を二組購入し持参した。今度こそ不敬な扱ひをすることなく国旗を掲揚できると心弾《はず》ませて旗衛隊員の到着を待つてゐたその時だつた。やつてきた航空の婦人自衛官が金色にキラキラ輝くイヤリング（耳飾り）を着けてゐるのだ。勤務中に装飾品を身に付けることは禁じられてゐる。況《ま》してや彼女は旗衛隊員なのである。イヤリングを外すやう注意したが不貞腐《ふてくさ》れてゐたので、私は仕方なくイヤリングを引つ張つて外さうとした。ところが、引つ張つても引つ張つてもイヤリングが外れないのだ。彼女はこれ以上ないやうな物凄い悲鳴をあげ床に倒れ込みわんわん泣いてゐた。彼女を部隊に追ひ返し、国旗掲揚を了《お》へて警衛所に戻ると、先程の婦人自衛官とその上司が謝罪にきた。私が眉《まゆ》を吊《つ》り上げ事の次第を説明すると、二等空佐の上司は、「指導が至りませんでした。大変申し訳ありませんでした。」と下級の私に深々と頭を下げた。

今思ふと、あの上司は、「国旗の取り扱ひ」や「国旗掲揚のあり方」を心得てゐる方だつたのかも知れない。そして、部下の過失に対して潔《いさぎよ》く責任をとる立派な上司だつたのかも知れない。

いづれにしても、この件を契機《けいき》に旗衛隊員も白手袋を着用するやうになつた。イヤリングをしてゐた彼女の御蔭《おかげ》かも知れない。

この事件から数年経つて、私は「ピアス」といふ存在を知つた。耳朶《みみたぶ》に穴を開けて、そこにキラキラしたものを差し込んで固定するらしい。若《も》しかすると、あの時彼女がしてゐたのは、イヤリングではなく「ピアス」だつたのかも知れない。道理で外れない訳だ。痛かつたらうに。

（平成十一年　部隊内掲示）

旗衛隊の行動に関する規則の改正

当然のことではあるが、有志隊員は、警衛勤務（主として駐屯地の警戒及び営門出入者の監視に任ずる）に上番（勤務につくこと）する前に「駐屯地警備規則」を熟読すべきである。駐屯地によつて書式は異なるだらうが、その中に収められてゐる「国旗の掲揚」「旗衛隊の行動」などの条項に「国旗掲揚・降下の際の旗衛隊の行動」が記されてゐる筈《はず》である。私が勤務してゐた駐屯地では、嘗て「旗衛隊長は、国旗掲揚・降下の間、国旗に敬礼することなく、旗衛隊員の動作の指導に専念する」といふ内容の条文があつた。

この条文に不審を抱いた私は、すぐさま然《しか》るべき所に問ひ合はせた。どうやら、旗衛隊長は国旗に敬礼せずに、旗衛隊員が「掲揚開始当初に、国旗を地面に着けないやうに」或いは「国歌の奏楽《そうがく》に合はせて遅速《ちそく》なく掲揚するやうに」指導しろといふことらしいのだ。実際に、国旗を掲揚し始めるときに国旗を地面に着けてしまつたり、国歌の奏楽に合はせて掲揚できないことが屡々《しばしば》あるらしい。特に前者は厳《げん》に注意を要するが、決してさうならないやうに事前教育を徹底し、或いは、国旗を掲揚してゐない時間帯に訓練をさせればよいのである。問題点を改善すべく対策を講じることなく、事もあらうに国旗に対する敬礼を省略させるとは、全くもつて言語道断《ごんごどうだん》[42]である。

「自衛隊の礼式に関する訓令《くんれい》[43]」及び「自衛隊の礼式に関する達《たつ》[44]」には、「国旗に対する敬礼」について、当然為《な》すべきこととしてその要領が示されてゐるが、国旗に対する「敬礼の省略」を認許《にんきょ》する文言《もんごん》など何処にもない。また、国旗に対する敬礼を省略することができると解釈し得る他の条文も存在しないのだ。

私は直ちに規則改正案を作成し、「順序を経《へ》て」「秩序を乱すことなく」上申《じょうしん》した。程なく「旗衛隊長は、国旗掲揚・降下の間、国旗に敬礼することなく、旗衛隊員の動作の指導に専念する」といふ文言は削除され、「旗衛隊長は、国旗掲揚・降下の間、国旗に敬礼する」なる一文が加へられた。

私の如き下級の者であつても、己《おのれ》の信念に従ひ、誠意をもつて問題改善のために意見を具申することが必要なのではないだらうか。自衛隊には正さなければならないことが山程あるのだから。

（平成十三年　部隊内掲示・配布）

第四章

我が国の国境を知るべし

随分《ずいぶん》前の産経新聞に、若者の国境認識の低下を指摘する一文があつた。高校生四〇〇人に対し我が国の国境を問うたところ、正解率が僅《わず》か二パーセントであつたといふ。しかも、その正解した生徒に詳《くわ》しく尋《たず》ねると、「自信はなかつた」「当てずつぽに答へた」などの回答が殆《ほとん》どであつたといふ。これは高校生に限つてのことではなく、国民全体として正しい国境認識が低下してゐるのかも知れない。由々《ゆゆ》しき問題である。

国を守る自衛隊の隊員であれば、当然我が国の東西南北の国境線を正しく認識してゐなければならないが、先の高校生と同様に正解できる隊員は殆《ほとん》ど皆無《かいむ》と言つてよい。勿論、曹《そう》、幹部もその例外ではない。私たちが現地に赴《おもむ》き国境線をその眼で確認することは現実として難しいかも知れないが、せめて地図上にその位置を確かめ、隣国との距離や国境を取り巻く歴史・国際情勢などを知る必要があらう。だからこそ、国家を防衛する自衛隊の隊員教育に活用して戴くことを念願しつつ、皆さんと勉強してゆきたいと思ふのである。

千島列島と最北端の島「占守島」

先づ北の国境から確認してゆかう。結論から言ふと、全千島列島《ちしまれっとう》と南樺太《みなみからふと》は我が国の領土であるので、千島列島の最北端の島である占守島《しむしゅとう》とカムチヤツカ半島との間の占守《しむしゅ》海峡《かいきょう》が国境であり、また、樺太については、北緯五〇度が国境線である。

千島列島といふのは、北海道東端とロシア領カムチヤツカ半島南端との間に、北東方向に弧状《こじょう》に連なる列島のことで、主な島は国後島《くなしりとう》・択捉島《えとろふとう》・得撫島《うるっぷとう》・幌筵島《ぱらむしろとう》・占守島などである。その最北端の島、占守島とカムチヤツカ半島ロパトカ岬《みさき》との間の占守海峡に国境線があるのである。

明治八年（今から約一五〇年前）、日本とロシアの間で調印された国境確定条約『樺太・千島交換条約』により千島列島全島は日本領となつた。しかしながら、大東亜戦争終戦直前の八月九日、『日ソ中立条約』を一方的に破棄《はき》して侵攻したソ連により千島の島々は不法に占拠《せんきょ》され現在に至つてゐるのである。

占守島では、日本が終戦を迎へた昭和二十年八月十五日から三日経つた十八日、武装解除を進めてゐた日本軍に対してソ連軍が攻撃を仕掛けてきた。

ソ連の首相スターリン（当時）の領土拡張方針に基づく北海道北部占領計画において、ソ連軍は「占守島は一日で占領する」と豪語《ごうご》してゐたが、日本軍は、強襲上陸したソ連

占守島に今も残る日本軍の戦車
その後方に立つのは「北千島関係戦没者の霊」の白い墓標

軍に対し速射砲《そくしゃ》・大隊砲により反撃し、また、陸海軍航空機の決死の反撃に次ぐ戦車連隊の猛烈な射撃によりソ連軍を海岸付近に釘付けして一歩も内陸に前進させず、一挙に殲滅《せんめつ》する体制を整へたのである。その後、「戦闘を停止し、自衛戦闘に移行せよ」との方面軍の命令に基づき、停戦交渉の末武装解除して戦ひが終結したが、この占守島の激戦が、ソ連軍の南下を遅らせ北海道北部の占領計画を阻止する結果に繋がつたことを忘れてはならない。

なほ、終戦当時の占守島には、国民の食料確保のために約二五〇〇人の人々が缶詰工場で働いてゐた。そのうちの約四〇〇人の女子工員を内地からの迎への船が来航次第送り返す段取りであつたが、そこにソ連軍の攻撃があつたのである。激しい戦闘の最中《さなか》、占守島第九十一師団参謀長らは、彼女たちがソ連軍に陵辱《りょうじょく》されることを懼《おそ》れ、一刻も早く北海道に送り返さうと、独航船二十隻に女子工員約四〇〇人を分乗させ、ソ連軍爆撃機に対する高射砲の一斉射撃の掩護《えんご》下、無事に出港させたのである。それから五日後、女子工員たちは全員北海道に着くことができたといふ。斯《か》かる第九十一師団の配慮に感泣《かんきゅう》を禁じ得ないのである。

所謂「北方四島」とは

さて、世間一般に我国の北の国境を問へば、「北方領土までが日本の領土」と答へるだらう。しかし、耳慣れた言葉ではあるが、日本政府が主張する「北方領土」、つまり「北方四島」の名前さへ知らない人が少なくないのは由々しき問題である。読者の皆さんは、ご存じだらうか。「北方四島」とは、国後島《くなしりとう》、択捉島《えとろふとう》、歯舞群島《はぼまいぐんとう》、色丹島《しこたんとう》の四島を指す。外交政策として政府が「北方四島」の返還を要求してはゐるが、無道なるロシアが相手ゆゑ一筋縄《ひとすじなわ》では行かないだらう。

政府が「我国固有の領土」として右の四島を挙げるのには理由がある。安政《あんせい》元年（今

北方四島

から約一七〇年前の江戸時代末期）、江戸幕府がロシア使《し》節《せつ》プチャーチンと結んだ日本・ロシア間の最初の条約（日露和親条約）により、ロシア船の下田《しもだ》・箱館《はこだて》寄港《きこう》などを認め、千島は択捉島・得撫島《うるっぷとう》間を国境と決め、樺太は両国雑居地とした。この択捉・得撫間を国境と決めたことが今日に至る四島領有の根拠であるとしてゐるのである。しかし、先に述べたやうに、終戦直前の八月九日、日ソ中立条約を一方的に破棄して侵攻したソ連により千島は不法に占拠され現在に至るのである。

昭和二十年当時の北方四島の日本人の人口は一七二九一人、そして、平成三十年現在、四島には一八〇一〇人のロシア人が住み着いてゐる。

国後島

北海道の東方、千島列島最西端にある同列島第三の島で、一五〇〇平方キロメートルの面積を有する。

座標　北緯《ほくい》　四四度　〇一分　三五・三秒
東経《とうけい》　一四五度　五一分　四五・一秒

所在海域　太平洋・オホーツク海

面積　一四八九・二七平方キロメートル

海岸線長　約一二三キロメートル

最高標高　一八二二メートル（爺爺岳《ちゃちゃだけ》）

歴史　安政元年（今から約一七〇年前）の日露和親条約で国後島の日本領有は国際的に確認されてゐるが、終戦後、降伏文書調印前日の九月一日、ソ連軍が上陸・占領して現在に至る。

人口　昭和二十年当時の日本人の人口は七三六四人
平成三十年現在のロシア人の人口は八五三一人

軍の配備　現在、ロシア陸軍　第一八機関銃・砲兵師団が駐屯してをり、少なくとも三十両以上のT―八〇主力戦車が配備されてゐる。

択捉島

択捉島は、千島列島最大の島である。

座標　北緯　四五度　〇二分
　　　東経　一四七度　三七分

所在海域　太平洋・オホーツク海

面積　三一八六・六四平方キロメートル

海岸線長　約二一四キロメートル

最高標高　一六三四メートル（単冠山《ひとかっぷやま》）

歴史　安政元年（今から約一七〇年前）の日露和親条約で択捉島の日本領有は国際的に確認されてゐるが、終戦後、八月二十八日にソ連軍が上陸・占領して現在に至る。

人口　昭和二十年当時の日本人の人口は三六〇八人
　　　平成三十年現在のロシア人の人口は六〇四九人

軍の配備　令和四年四月現在、衛星画像からSu―二七などの戦闘軍用機の配備が確認されてゐる。

歯舞群島

歯舞群島は、北海道の東、根室《ねむろ》半島納沙布《のさっぷ》岬《みさき》から色丹島にかけての海域に連なる諸島のことで、付近は昆布《こんぶ》などの好漁場である。

座標　北緯　四三度　三〇分
東経　一四六度　〇八分

所在海域　太平洋

面積　九九・九四平方キロメートル
最大面積の島は志発島《しぼつとう》

最高標高　四五メートル

歴史　昭和二十年九月二日の降伏文書調印後、一般命令第一号に駐留日本軍がソ連軍に降伏することが規定されると、ソ連軍は上陸・占領し現在に至る。

人口　昭和二十年当時の日本人の人口は五二八一人
平成三十年現在のロシア人民間人の定住はない。
軍の配備　ロシア軍の関係者が滞在

色丹島

色丹島は、面積二五五平方キロメートルの島で、沿岸海域は昆布をはじめとする水産物に富んでゐる。

座標　北緯　四三度　四八分
東経　一四六度　四五分
所在海域　太平洋
面積　二五五平方キロメートル
最高標高　四一二・六メートル（斜古丹山《しゃこたんやま》）
歴史　昭和二十年九月一日、ソ連軍は上陸・占領し現在に至る。
人口　昭和二十年当時の日本人の人口は一〇三八人

平成三十年現在のロシア人の人口は三〇七〇人

斜古丹には国境警備隊の軍港があり、穴澗《あなま》には、拿捕《だほ》された日本漁船員の収容所がある。

軍の配備

樺太北緯五〇度が国境線

樺太《からふと》（ロシア語名サハリン）は、北海道の北方に連なる南北に長い島であり、シベリア大陸とは間宮海峡《まみやかいきょう》で隔《へだ》てられる。面積は七六〇〇〇平方キロメートル。

文化六年（今から約二〇〇年前の江戸時代後期）、探検家・間宮林蔵《まみやりんぞう》が間宮海峡を発見して樺太が島であることを実証し、以後、日露両国人が雑居した。明治八年（今から約一五〇年前）『樺太・千島交換条約』で全島がロシア領になつたが、明治三十八年（今から約一二〇年前）九月、アメリカのポーツマスにおいて調印された日露戦争の講和条約『ポーツマス条約』により、樺太の北緯五〇度以南を日本が領有することとなつた。しかしながら、第二次大戦末期の昭和二十年二月、ウクライナ南部、クリミア半島の黒海《こっかい》に面する港湾《こうわん》都市「ヤルタ」で開かれた、ルーズベルト（アメリカ大統領）・チャーチル（イ

宗谷岬から見える樺太

ギリス首相）・スターリン（ソ連首相）による首脳会談（ヤルタ会談）で結ばれた秘密協定（ヤルタ秘密協定）により、ソ連は対日参戦を条件に、樺太南部と千島列島の領有を認められソ連領としてゐるが、これに国境を確定する効力はなく，依然として北緯五〇度以南（南樺太）は日本領なのである。

昭和二十年当時の南樺太には、四十万人の日本人が住んでゐたが、終戦直前、我が国がアメリカにより広島・長崎に原爆を投下され混乱を窮《きわ》める中、ソ連（現在のロシア）は日ソ中立条約を一方的に破棄して火事場泥棒《どろぼう》のごとく攻め入り、島民の財産を強奪《ごうだつ》、婦女子を強姦《ごうかん》・殺害し残虐非道《ざんぎゃくひどう》の限りを尽くしたのである。昭和四十九年に制作された映画『氷雪《ひょうせつ》の門』には、ソ連軍が樺太に侵攻してくる中、最期《さいご》まで職務を全《まっと》うし自決した真岡《まおか》郵便局電話交換手の女性九名の姿が描かれてゐるが、その惨《むご》たらしい事実は映画では到底表現しきれないものである。平成三年（今から約三〇年前）にソ連は崩壊《ほうかい》し国名をロシアと改めたものの、令和四年二月からのウクライナへの侵攻からも判るやうにその残虐非道なる本質は何ら変はつてゐないのである。

真岡町と清水村の間にある熊笹峠《くまざさとうげ》には、ソ連軍の南進を阻止し同軍に北海道侵攻を断念させた日本軍将兵の御遺骨が今も眠つてゐる。一刻も早く御遺骨を収集し、祖国への帰還《きかん》を遂げて戴かねばと思ふばかりである。

座標　北緯　四五度　五四分～　五四度　二〇分
　　　　東経　一四一度　三八分～一四四度　四五分

所在海域　オホーツク海

面積　七六四〇〇平方キロメートル

海岸線長　南北に九四八キロメートル、東西に最大一六〇キロメートル

最高標高　一六〇九メートル（ロパチン山）

自然　樺太犬《けん》　樺太原産の大形犬。北方系の混血種で、寒気によく耐へ強健。寒地での橇《そり》引きなどに使ふ。からふといぬ。

　　　　樺太鱒《ます》　全長五〇センチメートル。鮭《さけ》によく似るが、小型種で鱗《うろこ》も小さい。背面は青黒色、腹面は銀白色。満二年で成熟し、河川を遡《さかのぼ》つて産卵する。缶詰、塩漬けにして食用。

樺太松《まつ》　カラマツの近縁種。樺太、南千島、中国東北部、東シベリアに広く分布。材は建材などに用ゐる（ぐい松）。

入口　約五〇万人（ロシア）

軍の配備　現在、一個師団が駐屯、飛行場あり

最東端の島「南鳥島」

日本の最東端の島「南鳥島《みなみとりしま》」は、西太平洋、小笠原《おがさわら》諸島に属する直径約一・八キロメートルの珊瑚礁《さんごしょう》の小島である。本州から一八〇〇キロメートル。行政上、東京都小笠原村に属する。現在は一般住民はゐないが、海上自衛隊、気象庁、関東地方整備局の人員が常駐してゐる。一般人の立ち入りは禁止されてをり、観光目的で訪問はできない。特に、医師、医療施設がなく、食中毒を起こすと命の危険があるため、魚を釣つて食べることも禁止されてゐる。また、日本国の島では唯一他の島と排他的経済水域を接してゐない島である。

座標　北緯　二四度　一七分　一二秒

南鳥島

東経　一五三度　五九分　五〇秒

所在海域　西太平洋

面積　一・五一平方キロメートル

海岸線長　六キロメートル

最高標高　九メートル

気候　サバナ気候　年間平均気温二五・六度と温暖

歴史　明治三十一年七月二十四日（今から約一二五年前）、東京府告示第五八号で南鳥島《みなみとりしま》として日本の領土に編入。

最南端の島「沖ノ鳥島」

日本最南端の島「沖《おき》ノ鳥島《とりしま》」は、硫黄列島《いおうれっとう》の南西約七〇〇キロメートルの太平洋の絶海《ぜっかい》に孤立して形成された南北約一・七キロ、東西約四・五キロの島であり、東京都小笠原村に

沖ノ鳥島

属する。干潮《かんちょう》時には環礁《かんしょう》の大部分が海面上に姿を現してゐるが満潮《まんちょう》時には礁池《しょうち》内の東小島《ひがしこじま》と北小島《きたこじま》を除いて海面下となる。元々は珊瑚からなる島だが、コンクリートで周りを固めて保全を行なつてゐる。

座標　北緯　二〇度　二五分　三一・九七六八秒
東経　一三六度　四分　五二・一四三〇秒

所在海域　フイリピン海
九州・パラオ海嶺《かいれい》の上に位置する。
東京都心部から一七四〇キロメートル
硫黄島から七二〇キロメートル

面積　約五・七八平方キロメートル

海岸線長　約一一キロ（米粒型《こめつぶがた》をした珊瑚礁の島）

最高標高　約一メートル

気候　熱帯気候

歴史　大正十一年（今から一〇〇年前）、日本の海《かい》防艦《ぼうかん》「満洲《まんしゅう》」が測量を行なふ。昭和四年（今から約九〇年前）、水路部発行の海図第八〇〇号に「沖ノ鳥島」の名称で記載される。昭和六年七月六日、内務省告示第一六三号により「沖ノ鳥島」と命名され、東京府小笠原支庁に編入、日本領となる。

戦後、昭和二十七年（今から約七〇年前）四月二十八日、サンフランシスコ講和条約第三条により小笠原諸島とともにアメリカの施政権下に置かれる。

昭和四十三年（今から約五〇年前）六月二十六日小笠原返還協定に基づき小笠原諸島とともに返還される。

平成十六年四月二十二日、日中間外交当局者協議で中国が沖ノ鳥島を「岩」だと主張し、我国に無断で周辺の海洋調査を始める。

平成十七年、国土地理院が電子基準点「沖ノ鳥島」を設ける。

平成十九年三月十六日、海上保安庁が「沖ノ鳥島灯台」を設置して運用を開始する。

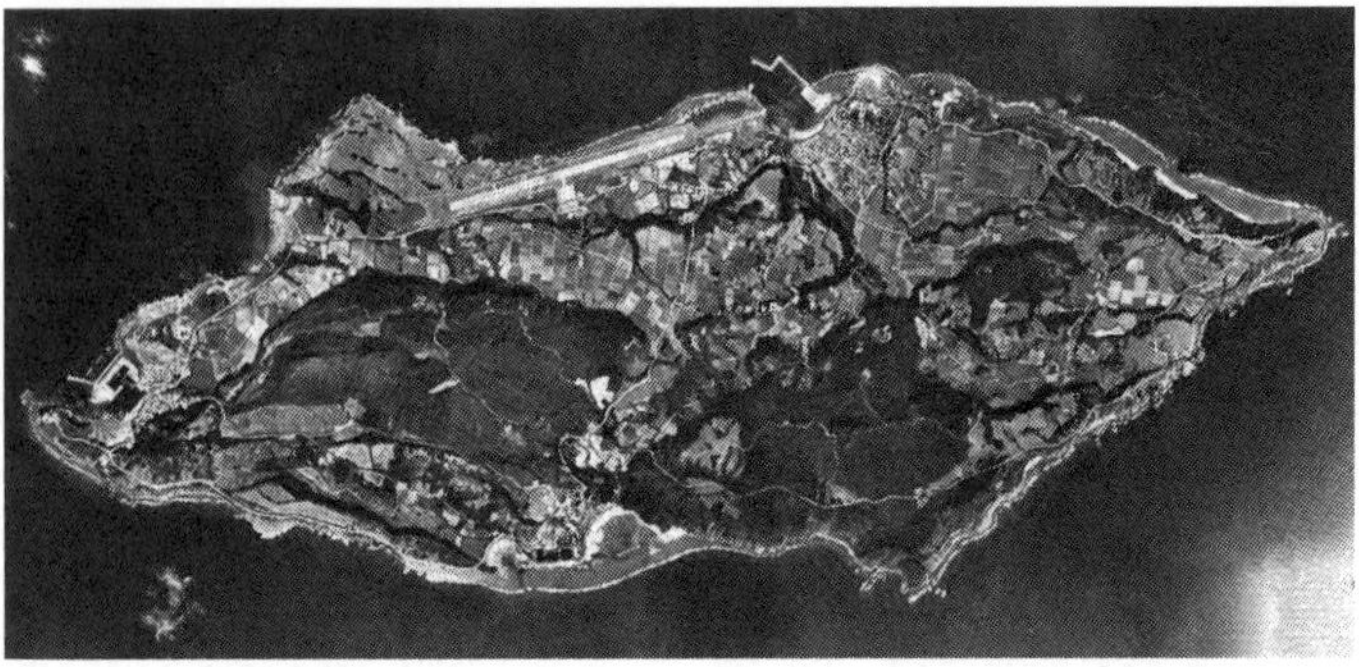
与那国島

最西端の島「与那国島」

日本最西端の与那国島《よなぐにじま》は、石垣島《いしがきじま》から約一二七キロメートル離れた沖縄県八重山《やえやま》諸島西端にあり、一島で与那国町をなす。東京からの直線距離が約二〇〇〇キロメートルを超え、日本の領土の中で東京都心から最も離れた島である。

座標　北緯　二四度　二八分　六秒
　　　東経　一二三度　〇分　一七秒
所在海域　東シナ海・太平洋（フィリピン海）
面積　二八・九五平方キロメートル
海岸線長　二七・四九キロメートル
最高標高　二三一・三メートル（宇良部《うらぶ》岳）
気候　年平均気温二三・八
産業　主要産業は、サタウキビなどの農業、畜産

業、漁業

人口　一六八〇人（平成三十年七月三十一日付）

自衛隊　台湾まで一一一キロメートルしかなく、安全保障上重要な位置にあるため、平成二十八年に陸上自衛隊・与那国駐屯地が開設され、沿岸監視隊が配備された。隊員とその家族二五〇人が移住し、島人口の十五パーセント近くを占めるやうになつた。

国境の島「対馬」

対馬《つしま》列島（対馬諸島）は、九州と朝鮮半島との間にある島々で、長崎県に属する。全島山勝《やまが》ちで、主産業は漁業。主島は対馬島（※朝鮮半島（釜山）まで約四九キロメートルの位置）、属島は、六つの有人島（海栗《うに》島、泊《とまり》島、赤《あか》島、沖ノ島、島山島）と一〇二の無人島からなる。

座標　北緯　三四度　二五分
東経　一二九度　二〇分

対馬

所在海域　日本海（対馬海峡《つしま》）

面積　六九六・一〇平方キロメートル（属島を含まず）

七〇八・五平方キロメートル（属島を含む）

海岸線長　九一五キロメートル（属島を含む）

最高標高　六四八・五メートル

気候　海洋性気候

産業　主産業は漁業。沿岸では真珠養殖も行ふ。

対馬砥《つしまど》といふ砥石《といし》が産出され、剃刀《かみそり》の研《と》ぎ出しに使はれてゐる。

対洲窯《たいしゅうよう》　江戸時代から明治にかけて対馬で作られた陶器（増田焼、志賀焼）

自然　対馬貂《つしまてん》　テンの一亜種。天然記念物。

対馬山猫《つしまやまねこ》　ベンガルヤマネコの亜種。天然記念物。生息数は一〇〇頭未満。

人口　三〇四七〇人（令和元年九月）

自衛隊

対馬が戦略的に重要な海上水路にあたるところから、古代より国境の島として国防上重視され、明治時代から大日本帝国陸軍は対馬警備隊・対馬要塞《ようさい》を置いてゐる。自衛隊においては、昭和三十一年に航空自衛隊・海栗《うに》島分屯基地を設置し、次いで昭和三十六年に陸上自衛隊・対馬駐屯地を設置。これが発展し、昭和五十五年に対馬警備隊となる。なほ、昭和四十五年には、海上自衛隊が、帝国海軍の施設跡地に対馬防備隊を設立してゐる。

竹島の歴史と現況

竹島《たけしま》は、隠岐《おき》諸島の北西にある島で、島根県の管轄。急峻《きゅうしゅん》な地形をなす二つの島と周辺の岩礁《がんしょう》からなる。島数は、男島（西島《にしじま》）と女島（東島《ひがしじま》）の二島、三七岩礁《がんしょう》で、総面積約〇・二〇平方キロメートル。

座標　北緯　三七度　一四分　三〇・五秒

竹島

所在海域

東経　一三一度　五一分　五四・六秒
隠岐と竹島の距離は両島の一番近いところで一五七キロメートル
鬱陵島《うつりゅうとう》（ウルルン島）と竹島の距離は約八七キロメートル

日本海

面積

約〇・二〇平方キロメートル

自然

竹島百合《ゆり》　鬱陵島原産。初夏、茎頂《けいちょう》にやや小形の花を数個下向きに咲かせる。橙黄色《とうこうしょく》で赤《せき》褐色《かっしょく》の斑点がある、

竹島蘭　初夏、淡赤褐色の小花を下向きに咲かせる。果実は球形で赤く熟す。

歴史

江戸時代の竹島は、江戸幕府公認の下で、鬱陵島に渡る際の航行《こうこう》の目標乃至《ないし》停泊地として利用されてをり、寛文《かんぶん》五年（今から約三五〇

年前の江戸時代前期）以降は幕府の許可を得て鮑《あわび》などの好漁場としても活用されてゐた。今から約一五〇年前に日本の領土権が確立され、明治三十八年（今から約一一〇年前）に島根県隠岐島庁に編入された。

戦後の昭和二十七年（今から約七〇年前）、韓国の初代大統領・李《り》承晩《しょうばん》が大統領令で「隣接海洋に対する主権宣言」を公表し、「韓国と周辺国との間の水域区分と資源と主権の保護のため」と主張する海洋境界線（李承晩ライン）を設定した。翌昭和二十八年四月から韓国国家警察が常駐を開始し実効支配を続けてゐる。

島の現況

韓国政府は竹島を海洋警察庁を傘《さん》下《か》にもつ大韓民国海洋水産部の管理下に置き、軍に準ずる装備を持つ韓国国家警察慶北《けいほく》警察庁独島《どくと》警備隊の武装警察官四〇名と灯台管理のための海洋水産部職員五名を常駐させ、軍事要塞《ようさい》化を進めてゐる。

また、韓国海軍や海洋警察庁がその領海海域を常時武装監視し、日本側の接近を厳重に警戒してゐる。そのため、日本の海上保安庁の船舶や漁船はこの島の付近海域には入れない状態が続いてをり、日本政府の再三の抗議にも拘はらず、燈台《とうだい》、ヘリポート、レーダー、船舶の接岸場、警備隊宿舎などを建設し、また、観光地化を進めてゐる。

尖閣諸島の歴史と現況

尖閣諸島《せんかくしょとう》（登野城尖閣とも称する）は、沖縄県八重山諸島の北方にある小島群で、沖縄県石垣市に属する。魚釣島《うおつりじま》を主島として、全島が無人島。地質は火山性であり、岩盤が剥《む》き出しになつてをり、水源（河川《かせん》や湖沼《こしょう》）がない。付近の大陸棚には油田《ゆでん》の存在が推定されてゐる。

座標　北緯　二五度　四三分～五六分
東経　一二三度　二七分～一二四度　三四分の海域に点在
東シナ海の南西部にある島嶼《とうしょ》群（大小の島々）
石垣島北方約一三〇～一五〇キロメートルに位置する。

所在海域　東シナ海南西部

面積　約五・五六平方キロメートル（総面積）

魚釣島

島数　五島　三岩礁《がんしょう》

主要な島は、魚釣島、久場島《くばしま》、大正島《たいしょうじま》

最高地　魚釣島

歴史　日本政府は、明治十八年以降沖縄当局を通じて、尖閣諸島の現地調査を幾度《いくたび》も行ひ、無人島であることだけでは無く、清国《しんこく》を含むいづれの国にも属してゐない土地（無主地《むしゅち》）であることを慎重《しんちょう》に確認し、明治二十八年一月十四日に閣議決定を行ひ、日本の領土（沖縄県）に編入した。一連の手続は、「先占《せんせん》の法理」といふ国際法で認められる領有権取得の方法に合致《がっち》してゐる。

なほ、大東亜戦争前の一時期、日本人が開拓者に因《ちな》んだ通称「古賀村《こがむら》集落」を成し二〇〇人余りが生活してゐたが、その後経済的理由で放棄してゐる。

中国と台湾が領有権を主張し始めたのは、昭和四十三年（今から約五五年前）尖閣諸島付近海底調査で石油や天然ガスなどの大量地下資源埋蔵《まいぞう》の可能性が確認されて以降である。

島の現況

現役の頃、右の内容を隊員たちに教育する前に先づは自らの実力を試さむと、数多《あまた》の島々を含めた日本列島を画用紙に描《か》いてみたが、その形状は些《いささ》か正確性に欠き、また、本州から各島々までの距離や隣国との距離も正確とは言ひ難《がた》いものであつた。そこで、既製《きせい》の地図で細かいところを調べながら何度も描き直し、これを数日続けたすゐに改めて試みると、形も距離感も国土地理院の作製する地図とほぼ違ふことなく描けるやうになつてゐた。それは、実に愉快《ゆかい》なことであり、誇らしくもあつた。

日本列島のやうに、大洋と大陸との境《さかい》に位置し、大洋の方に弓なりに膨《ふく》らんだ面を向けて湾曲《わんきょく》してゐる列島を弧状《こじょう》列島《れっとう》といふ。また、その島々の連なりを花綵《はなずな》に喩《たと》へて花《か》綵《さい》列島ともいふのである。「花綵」といふのは、子供の頃、誰でも経験があると思ふが、蓮華草《れんげそう》や白詰草《しろつめくさ》などの花や葉を網状《あみじょう》に編《あ》んだ飾りのことで、懐かしい思ひに駆られる。

そんなことに思ひを馳《は》せながら我が国土を描くと益々楽しく思へてくるのである。

江戸後期の測量家・地理学者である伊能忠敬《いのうただたか》や探検家・間宮林蔵のやうに現地を訪れその眼《め》で現況を確かめることは中々難しいが、地図を広げ、我国の国土の姿を識《し》り、遠く離れた孤島の位置を確かめ、また、隣国との国境線を正しく認識することは、誰にでも出来ることである。況《ま》してや国を守る自衛官は、陸海空を問はず、或《ある》いは階級に関係なく熟知して然《しか》るべきである。

（令和二年　隊内掲示に加筆）

第五章

戦ふための心構へ

命を懸けて戦う真の目的とは何か

精神論だけでは戦へない事を我々は経験から識《し》つてゐる。だからこそ、我々は平素《へいそ》から戦ひの技を磨き、その術《すべ》を練《ね》る。戦ふために必要な技能を練磨《れんま》するのは自明《じめい》の理《り》[45]である。併《しか》し、行動の最も根本的な意義・目的を蔑《なみ》[46]して、徒《いたずら》に戦技を磨き、戦術を練らうとも、そこには一片《いっぺん》の価値もないのである。

縦《よ》しんば、「私は目的をもつて練磨してゐる」と嘯《うそぶ》[47]く者がゐたとしても、それは精々《せいぜい》「個人の充実のため」か、或いは「家族のため」であらう。前者は論外、救ひやうがないが、実は現職隊員の大多数がさうではなからうか。三十六年の経験からさう判《わか》るのである。後者もまた単なる「個人主義」「家族愛」に過ぎない。凡《およ》そ己の家族を大切に思ひ、迫りくる危険から守らうとするのは、古今《ここん》を通じ、人として当然至極《しごく》の情感である。若《も》し、「家族のため」なるものを「愛国心」と強弁《きょうべん》[48]するならば、家族を失つた者、天涯孤《てんがいこ》独《どく》[49]の者には愛国心がないと言ふのであらうか。否《いな》、さうではあるまい。

何を為《な》すにも「目的」といふものがある。そこで、我々が命を賭《と》して戦ふ「目的」とは何なのかを諸兵に問へば、自衛隊法・第三条「自衛隊の任務」に謳《うた》はれてゐる通り、「わが国の平和と独立を守るため」と答へる者が圧倒的に多い。然《さ》れば、何ゆゑに平和と独立を守らねばならないのかを考察する必要があらう。

「平和」とは、戦争もなく世の中が穏《おだ》やかであること。或いは、争ひや心配事もなく穏やかであることをいふ。言葉の意味は子供でも識《し》つてゐるが、茲《ここ》では、日本人としての解釈を申し述べたい。畏《かしこ》くも天皇陛下には、常に世の平《たい》らぎを祈り給《たも》うていらつしやるのである。このことは、陛下が御即位遊ばされた際の大御言《おおみこと》[50]や御製《ぎょせい》[51]から拝《はい》し奉《まつ》ることができる。然《さ》すれば、我々は、大御心《おおみこころ》を体《たい》し奉り、宸襟《しんきん》[52]を安《やす》んじ奉るがために「平和」を守らなければならないのである。これこそが、君民一体の我が国柄を踏まへた正統な解釈と言へよう。

また、「独立」とは、如何なる他国家の権力にも従属せず、主権を行使する能力を有すること。つまり、他国から干渉《かんしょう》を受けない。植民地・属領でないことである。即《すなわ》ち我々は、天皇陛下を奉戴《ほうたい》申し上げる我が国の国柄、国体を護持するために、何としても「独立」を守らなければならないのである。斯様《かよう》に言葉の真意を理解することが肝要であらう。

偖《さて》、「国民の生命と財産を守るため」に戦ふと言ふ者も少なくないだらう。天皇陛下は朝な夕なに国家の安泰《あんたい》と国民の幸福を祈り給《たも》うていらつしやる。そして、陛下は国民を「大御宝《おおみたから》」と仰《おお》せになる。「大切な大切な宝物」と仰《おっしゃ》るのである。何とありがたいことであらうか。常に国民の幸せを祈り給うていらっしやる陛下の大御心に添ひ奉るべく、我々は命を懸けて「国民を」守らなければならないのである。

要は、天皇陛下が御座《おわ》しましてこその日本国なのである。日本国天皇と申し上げず、天皇国日本と申し上げるべきであらう。この国柄を失つたら、日本が日本でなくなるのである。だから、危機に直面したとき、我々は命を懸けて戦ひ、必ず勝利を収めなければならないのである。

我々が命を懸けて戦ふ「目的」を、自身の中で確かなものにするには、先づ「精神」を養はなければならない。守るべき我が祖国が如何《いか》なる国であるのか。如何なる歴史、文化、伝統を有してゐるのか。先づは日本人として必要な智識・教養を身に付けることから始めるべきではないだらうか。

個人の充実のために只管《ひたすら》体を鍛へ、名声欲しさに厳しいとされる教育の履修《りしゅう》を志願し、或いは、自尊心の裏付けとして知名なる部隊への転属を望み、一流の戦闘員気取りでゐるやうでは何の役にも立たない。諸官の周囲には、そのやうな者が溢《あふ》れてゐるのではないだらうか。或いはまた、諸官自身は如何《いかが》であらう。

命を懸けて戦ふ真の目的を理解せぬ儘《まま》、ただの自己満足を貫き通し、永久永遠に偽者《にせもの》であり続けるか、それとも、日本人としての自覚に立つて心を入れ替へ、本物、即ち真の日本軍人にならうと必死懸命に努力するかは諸官の御心次第である。

（令和元年六月　部隊内に掲示）

君は死を覚悟してゐるか

自明の事ではあるが、一朝《いっちょう》[53]事《こと》ある秋《とき》に命を賭《と》して祖国を守るべき我々自衛官は、安《あん》穏《のん》とした世態《せたい》に関係なく「死」を覚悟してゐなければならない。

そこで、「有事即応」といふ観点からその実態を探つてみたいと思ふ。自衛隊の服務規則や服務細則にも、辛《かろ》うじて「有事の際直ちに任務につくことができるやう常に物心《ぶっしん》両面の準備を整へておかなければならない」などと謳《うた》はれてゐるのは、せめてもの救ひであるが、実際に「有事即応」し得る準備がなされてゐるだらうか。疑はしいものである。為すべきは、本当に戦ふことのできる万全の準備なのである。

本日只今、貴官の背嚢《はいのう》[54]や衣嚢《いのう》[55]には何が入つてゐるだらうか。実際に出動して任務にあたることを前提に手抜かりなく準備してあるだらうか。追送物品の到着が遅滞《ちたい》し、補給も期待できない状況になつても、何ら支障を来《き》たすことなく任務遂行できる綿密周到《めんみつしゅうとう》[56]な準備である。部隊などで極稀《ごくまれ》に実施される「点検」のためだけの、その場凌《しの》ぎになつてゐないだらうか。上辺だけで誤魔化《ごまか》してはゐないだらうか。我々は「有事即応」の大事を断じて形骸化《けいがいか》[57]させてはならないのである。

また、駐屯地・基地に残置するであらう物品の処分方法などについても具体的な処置を講じてゐるだらうか。「二度と再び帰ることはない」と想定すれば、自《おの》づと答へが出る筈《はず》である。

要は、自らの使命に生命を懸けてゐるか、ゐないかである、貴官は果たして前者であらうか。それとも後者であらうか。そこで、自衛官といふ職を単なる「月給取り」としかとらへてゐない輩《やから》は別として、心から祖国を守らうとする諸官に、「遺書の作成」を提唱したいのである。遺書を認めるといふことは、死を覚悟することであり、祖国防衛の大使命に全生命を懸けようとする真心の証《あかし》でもある。そして、この「心」の準備が無ければ、先に述べたやうな「物」の準備は決して完成されない。そのことは貴官の最もよく知るところであらう。

遺書を作らうとする場合、その内容や書式は人によつて様々であらう。しかし、本当に死を覚悟してゐなければ、本物の遺書を書くことはできない。父母、兄弟姉妹、妻子は本より、恋人に、恩師に、友人に、全国民に対して我が心を述べるのである。法的効力が有るとか無いとか、そんな次元の話ではない。ひたすらに祈りを籠《こ》め、霊妙《れいみょう》強烈なる言霊《ことだま》[58]の力を信じて遺言するのである。

左に参考として、幕末純中の純派、佐久良東雄《さくらあずまお》の遺言状の一部を抜粋《ばっすい》した。

　我ら皇国の民草《たみくさ》は、神代《じんだい》以来先祖代代何万年の永きに亘《わた》つて、皇恩《こうおん》、神恩《しんおん》の下に生きて来た。何よりもこの事をよくよく考へたい。若《も》し此《こ》のことを深く考へるならば、此の一身を幾度《いくたび》捧げて御奉公申し上げても、その御聖恩《ごせいおん》に対して報《ほう》じ尽《つ》くせるものではない。実に九牛《きゅうぎゅう》の一毛《いちもう》[59]だにも足りない。此の意味をよくよく考へて、すは皇国の一大事と云ふ時には、我が一身《いっしん》を放擲《ほうてき》[60]して御奉公申し上げよ。この事の為し得ざるものは、断じて我が子孫ではない。お前にかかる忠心《ちゅうしん》があるならば、この父も烈烈《れつれつ》の冥助《めいじょ》を与へ大功を立てさせよう。もしこの忠心を捨てて、万一逆臣《ぎゃくしん》[61]に与《くみ》する[62]やうな事があれば、父は忽《たちま》ちお前を取殺すぞ。この事をよくよく子子孫孫に申

し伝へ、我が道統を継承せしめよ。（中略）
無禄《むろく》[63]貧窮《ひんきゅう》のこの身には何も譲り渡さう物もない。ただこの一大事のみを唯一の遺産として言ひ残して置く。この一事さへ篤《とく》と心得て居るならば、たとひ餓死《がし》しようとも、日本人としてこの世に生れ出て来た甲斐《かい》は有るのだ。このことをよくよく味はひ感得《かんとく》してただただ一途に御奉公申し上げよ。それこそ父に対する最大の孝養《こうよう》でもあるのだ。

安政《あんせい》七年三月十八日夜これを涙記《るいき》す

神祇学師《じんぎがくし》　平《たいらの》　東雄より

愚息《ぐそく》石雄へ

偖《さて》、既《すで》に遺言状を作成してゐる人も、これから認《したた》めようとする人も、「私が国のために命を捧げきることができたならば、靖國神社に祀《まつ》つて欲しい」旨《むね》の一文を是非とも附け加へて戴きたいのである。「そんな烏滸《おこ》がましいことなど言へない」といふやうな自己満足的な「謙虚さ」に終始《しゅうし》するのではなく、国のために命を捧げた人々を、我が国の伝統である神社神道によつて、国家として万代《ばんだい》まで慰霊顕彰《いれいけんしょう》[64]し続けるために、全自衛官は必ず自らの「遺志」として、このことを明記して戴きたいのである。後の世に、必ず靖國神社の国家護持が実現されることを信じようではないか。

（平成十五年六月『言靈』）

服務指導とは何か

現役隊員、殊《こと》に隊員を指導する立場にある諸官は、「服務指導とは何か」と問はれ確答することができるだらうか。先づは『服務小六法』を繙《ひもと》き、「自衛隊法」第五十二条「服務の本旨《ほんし》」をご覧戴きたい。

第五十二条【服務の本旨】

隊員は、わが国の平和と独立を守る自衛隊の使命を自覚し、（中略）強い責任感をもつて専心その職務の遂行にあたり、事に臨《のぞ》んでは危険を顧《かえり》みず、身をもつて責務の完遂《かんすい》に努め、（後略）

（※新字体及び現代仮名遣ひは原文のまま）

諸官周知の通り、「服務」とは、職務に服することをいふ。而《しこう》して、「本旨」は、本来の趣旨・真の目的を意味する。然《さ》れば、右の「服務の本旨」は、将《まさ》に隊員の職務の真の目的・窮極《きゅうきょく》の目的を明らかにしてゐるものであり、即《すなわ》ち、我々は一朝事ある秋《とき》に命を懸けて戦ひ、任務を遂行しなければならないといふことなのである。

畢竟《つまり》、服務指導といふのは、隊員が何の憂《うれ》ひもなく、何の迷ひもなく「服務の本旨」を実践《じっせん》・具現《ぐげん》[65]できるやうに教へ導くことである。だからこそ、先づ第一に精神教育、特に愛国心・服従心を醸成《じょうせい》[66]する教育を徹底して実施し、隊員が「服務の本旨」を具現できるやうに務めなければならないのである。

分隊長の職責を説く一節に、「分隊長は、分隊の行動について責任を負ふ」とあるが、これは、戦闘に関はる部隊行動の責任は本《もと》より、隊員の生命、そしてそれを取り巻く銃《じゅう》後《ご》[67]の環境全てに責任を持つといふことである。

いざといふ秋《とき》、即ち、死を覚悟せねばならない作戦の遂行にあたり、貴官（指揮官）の命令により敵弾雨飛《てきだんうひ》の中、部下隊員を突撃させなければならないのである。だからこそ平素から、己の私的時間を犠牲にしてでも、隊員が何の憂ひもなく、何の迷ひもなく任務を遂行できるやう、例へば、隊員が抱へる家庭問題を解消させるべく全力で取り組み、或いは、借財《しゃくざい》のある隊員のために「借財返済計画」を作成して金銭管理を実施し、而して、どんな些細《ささい》なことも見過ごさず、恰《あたか》も隊員の親の如く、文字通り「親身」になつて苦慮《くりょ》し、解決策を見出だして隊員の憂慮《ゆうりょ》事項解消に努めるのである。

全ては「服務の本旨」の実践・具現、即ち、共に命を懸けて任務を遂行するためである。「長」と名の付く者は、右を能く能く体し服務指導に当たるべし。

（令和元年八月　部隊内に掲示）

坊主のすすめ

本稿は、出家《しゅっけ》すなはち僧侶《そうりょ》への道を奨励《しょうれい》するものではない。軍人に相応《ふさわ》しい「坊主頭」を熱烈に推奨する一文である。

私は自衛隊に入隊して以来二十年近く、「軍人は坊主に限る」といふ拘《こだわ》りを貫き通してゐる。それには、それ相当の理由があるからである。

先づは衛生面から考察してみたい。地膚《じはだ》が見えるくらゐに髪を刈り込んでゐると、汗疹《あせも》などの吹出物《ふきでもの》ができにくいばかりか、たとひできても長髪の場合に比して断然治癒《ちゆ》が早いと皮膚科《ひふか》の医師が言ってゐた。また、戦場に在っても、極少量の水と石鹸で洗髪が可能であり、戦闘が長期化しても常に衛生状態を保つことができ、頭に蝨《しらみ》[68]などが湧く心配も無いのである。

また、平素に於ても自前のバリカンさへあれば、五分足らずで散髪できる。金も時間もかからないといふ訳である。因みに、バリカンは五、六千円も出せば上等なものが手に入るだらう。勿論日本製に限る。支那産や南朝鮮産の方が安価で、店頭陳列の大半を占めてゐるが、どういふ訳かいづれも耐久性に乏しく壊れ易い。やはり日本製に限る。

さて、本格的に格闘技を修練せずとも、喧嘩《けんか》の一つもしたことがあれば、理屈抜きで解るだらうが、相手に髪の毛を摑《つか》まれると忽《たちま》ち戦意を喪失《そうしつ》してしまふ。近接戦闘の末にさうした状況に陥《おちい》る確率は僅少《きんしょう》かも知れぬが、あらゆる事態に対応できるやう備へるのは戦闘員として当然の姿ではなからうか。

衛生面、経済面、そして戦ふ上に於て坊主が如何に有効であるかを述べたが、これらは飽くまで枝葉末節《しょうまっせつ》[69]に過ぎない。要は精神の問題なのである。国の護りに専心《せんしん》しようとする者が、髪型を気にしてゐるやうでは困る。世間体《せけんてい》を気にする者も少なくないが、何時の時代も正道《せいどう》[70]に外れてゐるのは世間一般である。世評《せひょう》は意とするところではない。また、女性の気を惹《ひ》かうと整髪に命を懸けてゐる者もゐるが、こんなのは水平線以下である。真の日本女性は、髪型にではなく日本男児の正気《せいき》堂々たる精神に惚《ほ》れ込むものである。

我が先師は「志の高さと髪の長さは反比例する」と言つた。我が身を思へば、口舌《こうぜつ》[71]に日を過ごすばかりで恥《は》づかしい限りだが、志は高くあらねばと思ふ。

「坊主」は軍人の前提条件である。ならば、「軍髪《ぐんぱつ》」と名づけようではないか。私は軍務に励《はげ》む全国の諸氏に、この「軍髪」を推奨したいのである。

（平成十六年六月『言靈』）

褌のすすめ

筆者は子供の頃から褌《ふんどし》を締《し》めてゐる。記憶が正しければ十二歳の時からであるので、褌歴二十五年のキャリアになる。現代では褌を着ける人も稀《まれ》のやうで、それだけに、これまで厄介《やっかい》なことも幾度《いくたび》かあつた。

中学一年生の時に、上級性に揶揄《からか》はれたのに腹を立て、先輩二名に大怪我を負はせてしまつたことがある。ひたすら先方に頭を下げてゐる母の姿を見て、済まない気持ちで一杯になつたが、相手の先輩に対しては、これつぽつちも詫《わ》びる気など起こらなかつた。

また、高校に入学して程なく行なはれた身体検査以降、褌愛好家であることが学校中の噂《うわさ》になつてゐるとは露《つゆ》知らず、暢気《のんき》に好意を寄せてゐた女の子に告白したところ、「でも…原口君つて褌なんでしよ」とあつさり振られてしまつたといふ苦い経験もある。これには流石《さすが》に応《こた》へたが、生来《せいらい》72の頑固さが幸ひして、今日までただの一度も西洋風の下着など身に着けたことがない。褌一筋である。

しかし、褌を着けるやうになつたその切つ掛けは、実に愚《おろ》かしきもので、東京浅草の小さな映画館で観た所謂《いわゆる》「仁侠《にんきょう》73映画」に影響されたのがその始まりである。誤解のないやうに附言しておくが、何も「渡世人《とせいにん》74」に憧《あこが》れた訳ではない。彼らが身に着けてゐた「褌」といふ古《いにしえ》の儘《まま》の風俗に心奪はれたのである。兎《と》に角《かく》、体中に電流が走るやうな感激を受けたのを憶《おぼ》えてゐる。

斯《か》くして私の褌人生が始まつた訳である。初めは、帯状（約一八〇センチメートル）の

「六尺褌《ろくしゃくふんどし》」と呼ばれる、力士の廻《まわ》しのやうなものを締めてゐたが、洗濯の煩《わずら》はしさからT字型の「越中褌《えっちゅうふんどし》」に換へて今日まで愛用してゐる。呉服《ごふく》店などの特売なら八百円ほどで上等な晒《さらし》が一反《いったん》（約九・八メートル）手に入る。それに、テープ状の紐《ひも》があれば、誰でも簡単に縫製《ほうせい》できるし、晒一反から九本の褌ができるので、経済的にも助かる。初めは母が褌作りの任を担《にな》つてゐたが、軈《やが》て姉が担当するやうになり、結婚してからは言ふまでもなく妻の仕事になつてゐる。

　褌の由来には諸説があり、非常に興味深いものであるが、紙面の都合上割愛《かつあい》[75]させて戴く。いづれにしてもその歴史は実に古く、我が国最古の歴史書である『古事記』の「身禊《みそぎ》」の段にも、黄泉国《よみのくに》[76]から還《かえ》られた伊邪那岐命《いざなぎのみこと》が身禊をされる時に「御褌《みはかま》（上代には腰に直に纏《まと》ふ下着を『はかま』と言つた）」を投げ棄《す》てる場面が記されてゐるから、将に神代の昔からの伝統風俗なのである。そして、褌がいとも単純なつくりでありながら、実に合理的かつ実用的なものであり、取分け我々戦闘員にとつて極めて有効であることを、自衛隊に入隊してから身をもつて知ることになるのである。

　さて、褌の効用について少しく紹介したいと思ふ。抑々《そもそも》褌は、欧米流のパンツとその構造が異なるため、ズボンを脱ぐことなく、勿論戦闘靴を履《は》いたまま着替へることができるのである。戦闘が長期化した場合、特に衛生面に留意して健康体を維持することが重要であるが、呑気に着替へなどしてゐたのでは戦闘員として失格である。そこで、脱《だっ》靴《か》・脱衣の必要がなく、無防備な状態を局限できる「褌」が、その効果を発揮する訳である。「褌」を「衣偏《ころもへん》」に「軍」と書く所以《ゆえん》はこのへんにあるのではないだらうか。

また、褌は軽量で嵩張《かさば》らないので、私などは背嚢《はいのう》の中に常時十本ほど収納してゐる。手拭の代用として、或いは緊急時の止血帯《しけつたい》としても活用することができる。その他にも必要次第で様々な使ひ途《みち》があらうが、敵に降伏するための「白旗《しろはた》」としては決して用ゐてはならない。とまれ、褌は軍人に最適最良の下着である。是非ともお試し戴きたい。「緊褌《きんこん》一番」といふ言葉があるが、今こそ褌の紐を堅く緊《し》め直し、心引きしめて励まねばならないのだ。我が愛する祖国のために。

(平成十五年十月『言靈』)

ガムを嚙みながら訓練する隊員を断じて許すな

私が小学四年生の時、アンデイとかいふアメリカ人の男の子が二年生の学級に転校してきた。肌の色は白く、青い眼をしてゐる異国の少年に、私は決して近づかうとはしなかつた。防衛本能といふやつだらうか。

アンディは、いつもパンや菓子類をぱくつきながら遊んでゐた。私は子供ながらに、異国人といふのは礼儀も作法も弁《わきま》へぬ存在だと感じてゐた。

アンディもさうだつたが、アメリカ人は好んでガムを噛《か》むやうだ。大人も子供も、野球選手も、学校の先生も、映画の主人公も、そして軍人も皆公然とガムを噛んでゐる。クチヤクチヤ音を立てて噛んでゐるのは、正直言つて鬱陶《うっとう》しい光景である。しかし、悲しいことに自衛隊にもそのやうな連中が案外沢山《たくさん》ゐるのである。それは、日米共同訓練をはじめ各種米軍研修への参加により、米軍将兵と関はる機会が増えたことに起因するのだらうか。兎《と》に角《かく》、時と場所を選ばずクチヤクチヤやつてゐる彼らは不快だ。そして、アメリカナイズされた我が同胞《どうほう》[77]を私は哀《あわ》れにさへ思ふのである。

巷《ちまた》では、ガムを噛むと顎《あご》の発育・強化に効果的であると言はれてゐる。また、脳を活性化させ記憶力を向上させるとも言はれてゐる。更には、「歯磨きガム」などといふのもあり重宝《ちょうほう》[78]されてゐるさうだ。「ガムは今や私達の生活に欠かせないものだから、どんどん噛みませう」などと馬鹿げたことを大真面目で言ふ奴も実際にゐるから恐ろしい。

我国には、物を食べながら何かをするといふ習慣は無い。凡《およ》そ私達が口にするものは全て自然の恵みであり、神の御恵《みめぐみ》なのである。父祖《ふそ》79たちは、それに感謝しようとする心を決して忘れることはなかつた。ゆゑに礼儀作法が茲《ここ》に生まれ、善き伝統として継承されてきたのである。

ガムを噛む行為は、アメリカ人の生活習慣、国民性を如実《にょじつ》に表してゐると言へよう。無作法で慎《つつし》みがなく破廉恥《はれんち》80きはまりない。斯《か》かる有害な風俗は直ちにこの世から抹殺すべきである。

さて、我々は、国を護るために日夜「敵を殺す」訓練をしてゐる。だが、当然のことであるが相手もまた人間である。我々はその命を奪ふ訓練をしてゐるのだから、常に真剣、命懸けで臨むべきなのである。だから、そこには今流行《はや》りの「訓練を楽しく」などといふ発想は要らない。況《ま》してや、ガムをクチヤクチヤ噛みながら訓練をするなんぞは、不真面目そのものであり、それこそ敵の生命に対する侮辱《ぶじょく》である。隊員を指導する立場にある者は、先づは自らその点を理解し、ガムを噛みながら訓練をするやうな不逞《ふてい》81の輩《やから》を見逃さず、厳しく指導・監督すべきである。斯《か》かる隊内の陋習《ろうしゅう》82を即刻粉砕《ふんさい》しなければならない。

（平成十六年六月『言霊』）

武器を扱ふ姿は軍紀の象徴である

自衛隊では、入隊当初から「銃を身体から離すな」「銃は身体の一部と思へ」などと尤《もっと》もらしいことを言はれるが、休憩《きゅうけい》の時には必ず銃を置く決まり（慣習）になつてゐる。そして、置いた銃が複数の場合、それが整頓《せいとん》されてゐないと厳しく指導されるが、銃を身体から離して置くことには何の指導もお咎《とが》めもない。疑問を感じながらも、教範《きょうはん》[83]に記載されてゐる銃を置く場合の例に倣《なら》ひ、長年私も休憩の際には銃を置き、また、置かせてゐた。しかし、戦闘員であるならば、武器庫から銃を搬出《はんしゅつ》して格納《かくのう》するまでは絶対に身から離さず自己管理するのが原則であると思ふのである。実際、私の部隊ではそれを実践《じっせん》してゐるが、定着してゐる陋習《ろうしゅう》（悪習）を打ち毀《やぶ》るのは、中々難しいことである。それでも、部隊として方針を定め、これに基づいて指導者が厳しく管理・指導し、また、各個人が心がけるならば、必ず習性化できると確信してゐる。「戦闘員として」と嘯《うそぶ》く前に、銃の必携《ひっけい》を実践すべきではないだらうか。

さて、自衛隊では、観閲式《かんえつしき》（軍事パレード）を開催するために、陸海空自衛隊の各部隊を一地に集結させ、一定の期間訓練させるのだが、休憩の際には、やはりどの部隊も例外なく銃を置く。本意ではなく許容し難いことではあるが、かうして銃を整頓して置かせることが、銃を管理する上では簡易・明瞭な方法なのかも知れない。「便宜上《べんぎじょう》」[84]といふやつである。ただ、置いた銃の上に上衣《じょうい》や手袋、装具などを掛ける隊員が散見《さんけん》されるのは、実に情けないことである。「精強・精鋭」を売りにしてゐる部隊などは、統制して手袋を銃の上に載せてゐた。「汚さないやうに」「無くさないやうに」といふ配慮《はいりょ》なのだらうが、これには驚愕《きょうがく》した。黙つてゐられない性分《しょうぶん》なので、直ちにその愚行《ぐこう》を指摘したが、プライドを傷つけてしまつたのか、受け入れては貰《もら》へなかつた。ただ、翌日の訓練からは銃の上に手袋を載せてゐなかつたので一先づ安心した次第である。

また、ある部隊では、脱いだ鉄帽《てつぼう》（鉄兜《てつかぶと》）を銃口（銃の筒先《つつさき》）に掛けて休憩してゐた。驚くことに統制されてゐたのである。開いた口が塞《ふさ》がらないとはこのことであつたが、これもまた見過ごす訳にはいかないので、顔見知りの隊員を通じて指摘したところ、次の休憩からは鉄帽を銃口に掛けてゐなかつた。誰かが声を揚げればよいのである。正しいことは正しいと言へばよいのだ。いけないことだと解つてゐても、黙つて従つてゐたのでは何時《いつ》まで経つても改善されない。戦闘員としての自覚がある者は、何憚《はばか》[85]ることなく声を上げるべきである。

　日清戦争前の明治二十四年（今から約一三〇年前）、清国《しんこく》（現在の中華人民共和国）の北洋《ほくよう》艦隊《かんたい》[86]が来日した。表向きは日清親善のためであつたが、巨艦「定遠」「鎮遠」を日本に誇示し、威圧することが彼らの目的であつた。提督の丁汝昌は、旗艦《きかん》[87]「定遠」に日本の名士を招いて祝宴を催した。東郷平八郎《とうごうへいはちろう》[88]も招かれたが、祝宴中は黙々と装備・乗員を観察し続け、その数日後に、ある用務を口実《こうじつ》に再び「定遠」を訪れたといふ。その時の所見を同僚に、「レセプシヨンの時は艦内はどこも整頓され、乗員も威儀を取り繕《つくろ》ひ、巨艦の雰囲気が盛り上がつてゐた。しかし、今日は大砲に洗濯物が干してあり、水兵の動作も何となく機敏さに欠けてゐた」と語つてゐる。東郷平八郎は、軍艦の砲門（火砲の発射口）に洗濯物が下げられ、甲板《かんぱん》が不潔極まりない状態を見て「恐るるに足らず」と直感し、北洋艦隊の士気、精神の弛《ゆる》みを見抜いたのである。実際、日本は日清戦争（明治二十七年〜二十八年）の海戦に於て勝利し、軍紀《ぐんき》[89]の高さを示したのである。

　前述したやうな自衛官の愚行は、将《まさ》に東郷平八郎が見抜いた北洋艦隊の士気・精神の弛みに等しい。武器を扱ふ軍人の姿を見れば、軍紀が如何《いか》なるものであるか手に取るやうにわかるのである。銃を物干し代はりに使用し、平然と銃を跨《また》いで通り、銃を壁に立て掛け、或いは、資材のやうに積み重ねて銃を運搬するやうな光景を見たことがないだらうか。武器を扱ふ軍人の姿は軍紀の象徴であるぞ。

（平成二十八年『もののふ』）

三島事件に学ぶ「軍」「軍人」の在り方

市ケ谷亀岡八幡宮の古文書《こもんじょ》によると、正和《しょうわ》元年（鎌倉後期）八月十一日付の寄進状《きしんじょう》に「市谷」の地名が見られる。この市ケ谷台には、江戸時代に尾張藩《おわりはん》の上屋敷《かみやしき》があり、甲州街道を制する要地であつたが、大政奉還、戊辰戦争を経て、明治元年には討幕軍《とうばくぐん》の砲兵陣地として使用され、明治四年四月、西郷隆盛《さいごうたかもり》が御親兵《ごしんぺい》を率ゐてこの地に駐屯し訓練を開始したと伝へられてゐる。明治七年になると、陸軍士宮学校が創設され昭和十六年まで陸軍士官養成の地として存続し、大東亜戦争時には、陸軍省、大本営《だいほんえい》陸軍部、教育総監部、陸軍航空本部をはじめ陸軍枢要《すうよう》機関の大部分がこの台上に位置してをり、我が国の国防史上極めて由緒《ゆいしょ》深い土地柄と言へる。

戦後、帝国陸軍の解体と共に占領軍により復員省、極東《きょくとう》国際軍事裁判所等が置かれたが、昭和三十四年十二月、自衛隊の市ケ谷駐屯地となり現在に至る。

さて、この市ケ谷台を取り巻く種々《しゅじゅ》の問題、殊《こと》に防衛庁本庁の移転計画に伴ふ「一号館」の取壊しについてであるが、「市ケ谷台一号館の保存を求める会」をはじめ道友諸氏による必死の抗議運動が展開されたが、防衛庁はその方針を改めず、つひに遺憾《いかん》ながら取壊されてしまつたのである。この「一号館」は、先にも述べたやうに、彼の極東国際軍事裁判の法廷とされた場所であり、また、昭和四十五年十一月二十五日、三島由紀夫《みしまゆきお》、森田必勝《もりたまさかつ》両烈士《れっし》が壮烈《そうれつ》な自決を遂《と》げられた現場でもある。戦後日本にとつて、また、我が民族にとつて極めて重要な建物をいとも簡単に取壊すさまを目《ま》の当たりにして、日本の真実の歴史が軈《やが》て風化してしまふことに危惧《きぐ》の念を抱かずにはゐられないのである。

この節では、この市ケ谷台で起きた所謂《いわゆる》「三島事件」を我々はどう評価すべきなのかを考へてゆきたい。三島烈士に対する評価は種々さまざまであらうが、私は、「軍」「軍人」の基本的在り方といふものを、先師影山正治《かげやままさはる》大人《うし》の遺稿《いこう》「三島事件に対する所見《しょけん》」の中に見出だすことができると思ふのである。

「三島事件によつて、自衛隊は自らの恥部《ちぶ》を最大限に、日本及び全世界の前に露《ろ》呈《てい》した。即《すなわ》ち二箇師団を中軸とする、最も重要な首都防衛軍の最高司令部が僅《わず》か刀剣数本を持つた民間人に占拠《せんきょ》されて為《な》すところを知らなかつたのである。方面軍司令官たる総監は捕縛《ほばく》、監禁されて侵入者の為《な》すままになつてゐた。隣室には、非常の場合総監に代つて命令を発すべき立場にある高級将校数名が居たにもかかはらず、一身に全責任を負つて、緊急討伐命令を出す者もなく、又、自ら拳銃又はライフル銃をもつて侵入者を撃ち殺すものもゐなかつた。自衛隊としては、相手が三島由紀夫であれ、誰であれ、あの場合、断乎《だんこ》として侵入者、占領者を撃ち殺すべきであつたのである。

（中略）

自衛隊の高級幹部にそれが出来なかつたのは、根本的には、法的不備のためでも何でもない。国家防衛、首都防衛の自己の使命に真に生命をかけてゐないからである。武人たることを忘れて、サラリーマン化して居るからである。実力行使を命令し又は自らが実力行使をして相手を撃ち殺した場合、「過剰《かじょう》防衛の故《ゆえ》を以《もっ》て殺人罪に問はれはしないか」「野党から総攻撃を受けはしないか」「マスコミの集中攻撃を受けはしないか」などと色々と考へて逡巡《しゅんじゅん》し、実行出来なかつたのであらう。そんなことでは「軍」は成り立たないのである。……（以下略）」（※引用文の振り仮名は筆者）

いささか長い引用となつたが、影山大人《うし》が指摘されてゐる通り、自衛隊は単なる月給取りに堕《だ》し、その本義を見失ひ、「武人の魂」を喪失してしまつたのである。この有様を御覧になられたならば、先の大戦に殉《じゅん》ぜられた英霊は嘸《さぞ》かしお嘆《なげ》きになられるだらう。

私は自衛隊に奉職《ほうしょく》して十一年目の若輩《じゃくはい》ではあるが、三島事件に学ぶ「軍」「軍人」の在り方といふものを広く説いてゆきたいと思ふ。国軍の再建は戦後日本の悲願である。そして、その悲願達成のためには、何としても隊員の、そして部隊の維新《いしん》が実現されなければならない。その実現を信じて戦ひ続けるのみである。

（平成七年六月『不二』）

第六章

近衛兵の精神を実践すべし

皇居防衛構想なき自衛隊

防衛庁が東京六本木から市ケ谷に移転するに先立ち、市ケ谷駐屯地《ちゅうとんち》に駐屯してゐた私の部隊は、平成十一年十二月、埼玉県所在の大宮駐屯地に移駐した。戦後自衛隊の編成にその名は存在しないが、「近衛《このえ》連隊」と称されてゐた私の部隊は、皇居に最も近いところに駐屯してをり、即時実働《じつどう》可能な部隊であつた。しかし、防衛庁の移転計画により、我が部隊を皇居から三十キロメートル以上離れた埼玉県の大宮駐屯地に都落《みやこ》ちさせ[90]、国は皇居防衛の使命を放棄《ほうき》したのだ。

私は、この移駐の数年前、高級幹部（佐官）の指揮所演習に業務支援で勤務した折、連隊長を務めるに相当する高級幹部たちが四、五名集ひ、都内重要警護物の警護要領等について語り合つてゐるのを衝立《ついたて》越しに盗み聞きしたことがある。否《いな》、聞こえてしまつたのである。自衛隊に入隊以来、自衛隊には皇居防衛構想が存在しないのではないかとの疑念を抱いてゐたが、実は、しがない陸曹ゆゑに私が知らないだけで、上層部では磐石《じゃく》[91]の皇居防衛構想が練られてゐるのではと密かに期待してゐたから尚更《なおさら》聞き逃してはならないといふ思ひであつた。ところが、衝立の向かうの高級幹部たちは、井戸端《いどばた》会議[92]

のやうな雰囲気で語り合ひ、皇居防衛については、「皇居は御濠《おほり》があるから大丈夫でせう」「さうだね、さう簡単には渡れないからね」とだけ言つて次の話題に移つてしまつた。私は彼らの発言に驚愕《きょうがく》し、そして怒りにうち震へた。これが自衛隊の実態なのである。しかし、民族の自覚に立つて、飽くまで真剣に、心の底から国を守らうする高級幹部が、若《も》し自衛隊に存在するならば、実効性のある具体的皇居防衛構想を直ちに確立させ、各部隊に対し必要な訓練を実施させるべきである。

『近衛兵の精神』から軍人としての在り方を学ぶ

私が勤務してゐた部隊が東京市ケ谷に駐屯してゐた頃、隊舎入口には『近衛兵《このえへい》[93]の精神』と題して、その精神たるや如何なるものかを識《しる》した一尋大《ひとひろだい》[94]の額《がく》が掲げられてゐた。現代仮名遣ひを用ゐてゐることから、戦後の書と推察されるが、その力強い書に、揮毫《きごう》[95]された御仁《ごじん》の祈りが籠《こ》められてゐることは言ふまでもない。

防衛庁の移転計画に伴《ともな》ひ、我が連隊が埼玉県の大宮に移駐した今日もなほ連隊庁舎玄関にこの『近衛兵の精神』が掲げられてゐることは洵《まこと》に尊いことであり、連隊の隊員ならば誰でもその存在を認知してゐるが、これを正しく解釈し実践する者は皆無《かいむ》に等しいのではないだらうか。

第一、解釈上最も重要な語である「輦下《れんか》」を読むことができず、意味を知らない隊員が大多数であるのは、誠に以《もっ》て由々《ゆゆ》しき問題である。この「輦下」を護衛するといふ崇高な任務について露《つゆ》も触れず等閑《なおざり》[96]にして、「全国諸兵の模範《もはん》たるを期すべし」の結句だけを取り上げて喧伝《けんでん》[97]するのは、片手落ち[98]であると言はざるを得ない。

近衛兵《このえへい》の精神《せいしん》

近衛兵は常に輦下《れんか》[99]を護衛《ごえい》し千軍萬馬《せんぐんばんば》[100]の中を整々《せいせい》[101]獨歩《どっぽ》[102]するの膽勇《たんゆう》[103]を有《ゆう》し又平常《へいじょう》にありては信義《しんぎ》[104]を本《もと》とし先進《せんしん》を敬ひ後進《こうしん》を善導《ぜんどう》し以て全國諸兵《ぜんこくしょへい》の模範《もはん》たるを期《き》すべし

右は、明治十三年十月五日に改正された『近衛条例』の抜萃《ばっすい》である。連隊玄関に掲げられてゐる書に殆ど等しく、大きな差異《さい》が認められないことから、右の『近衛条例』が出典《しゅってん》[105]と推察される。ただ、「近衛条例」には「整々獨歩」とあるが、連隊玄関の書には「整正独歩」と記されてをり、また、「信義[105]を本」を「信義を旨」に書き改めてゐる。これは、作者の覚書《おぼえがき》[106]によるものか、或いは、類似表現を許容した写本《しゃほん》を参考にしたことによらう。いづれにしても、昭和三十七年、連隊の創設に際し、歓喜《かんき》と期待に溢れ揮毫《きごう》された「聖峰《せいほう》」なる御仁に心から感謝を申し上げたい。

浅学菲才《ひさい》なれど試みに『近衛兵の精神』を読み解き、軈《やが》てこれが連隊の全隊員の識《し》るところとなり、近衛連隊の伝統を継承する部隊の隊員、即《すなわ》ち「近衛兵」としての意識の醸成《じょうせい》に通ずることを念願してやまない。

【現代語訳】

近衛兵たる者は、常に皇都《こうと》[107]、即ち天皇陛下の御膝下《おひざもと》[108]をお守り申し上げ、或いは、陛下が行幸《ぎょうこう》[109]遊ばされるときには、その御召車《おめしぐるま》[110]に供奉《ぐぶ》[111]申し上げ、命を賭《と》して守護し奉らねばならないのである。比類なき程に優れた智識と技能を併《あわ》せ有《も》ち、千軍万馬の中を露《つゆ》も怯《ひる》まず、容儀を正して心乱さず独りで歩いてゆけるやうな大胆さと真の勇気を兼ね備へてゐなければならない。また、平素は、自ら発する言葉に責任をもつてその実践にあたり、或いは、自らの分をよく弁《わきま》へてその責任を果たさなければならない。そして、先輩に対しては片時も敬ひの心を忘れず礼を尽くして接し、また、後輩に対しては慈愛を専一《せんいつ》[112]と心掛けて教導しなければならない。近衛兵たる者は、このやうな軍人としての在り方を実践し、全国諸兵の模範となるべく決意を新たにしなければならない。

（令和二年八月　部隊内に掲示・配布）

近衛兵の起源と不動の精神

「近衛兵」の起源を求めようとするならば、先づ記紀《きき》[113]を繙《ひもと》かねばならないだらう。即ち神武《じんむ》天皇[114]御東征《ごとうせい》[115]の条《くだり》に「近衛兵」の原点を見出だすことができるのである。そのことは、明治十五年一月四日に下賜《かし》された「軍人ニ賜《たま》ハリタル勅諭《ちょくゆ》」の巻頭《かんとう》に「我国の軍隊は世々《よよ》天皇の統率し給ふ所にぞある。昔神武天皇躬《み》づから大伴物部《おおとももののべ》[116]の兵《つわもの》どもを率ゐ、中《なかつ》国《くに》[117]のまつろはぬものどもを討ち平《たいら》げ給ひ、高御座《たかみくら》[118]に即《つ》かせられて天下《あめのした》しろしめし給ひしより二千五百有余年を経ぬ（後略）」とあることから判るやうに、特に大伴氏、物部氏は御軍《みいくさ》[119]の中核であると共に、後の世の「近衛兵」としての役割を担つてゐたと考へられる。

大化《たいか》[120]前代《ぜんだい》[121]に「舎人《とねり》」の制度が確立し、「舎人」は親衛軍として天皇護衛の任務に当たることとなつた。その後舎人は、身辺警護を担ふ「内舎人《うどねり》」と直轄《ちょっかつ》軍事を担ふ

「兵衛府《つわものとねり》」により、その任務を継承されることになる。また、「靫負《ゆげひ》」は天皇の親衛軍として、靫《ゆき》[122]を負つて宮城門の守衛に当たつたと伝へられてゐる。

令制《りょうせい》[123]が確立すると、「内舎人」が天皇の最側近で身辺警護に当たるやうになり、また、靫負の伝統を承け継ぐ「衛門府（ゆげひのつかさ）」、舎人の伝統を承け継ぐ左右の「兵衛《ひょうえ》府《ふ》（つはものとねり）」、諸国から登庸《とうよう》[124]した左右の「衛士府《ふじふ》」の五つの衛府《えふ》を設置し宮中を守護した。また、「授刀衛《じゅとうえい》[125]」を設置し、「授刀舎人」に孝謙《こうけん》天皇[126]（後の上皇《じょうこう》[127]）の警護を担当させた。この「授刀舎人」が、天平神護《てんぴょうじんご》元年に「近衛府」に改組され、ここに初めて「近衛」の名が登場するのである。

右の「五衛府《ごえふ》」は後に整備、再編成され、左右の「近衛府（ちかきまもりのつかさ）」、左右の「衛門府」、左右の「兵衛府」から成る「六衛府」が設置されるが、特に「近衛府」は、六衛府中最重要視され、天皇の最側近で警護することになるのである。

明治四年二月の御親兵《ごしんぺい》[128]召集《しょうしゅう》の命《めい》により、薩摩《さつま》[129]、長州《ちょうしゅう》[130]、土佐《とさ》[131]の三藩から一万人の献《けん》兵《ぺい》を受け「御親兵」を編成し、翌五年二月に近衛条例を制定し、近衛都督《このえととく》[132]西郷隆盛《さいごうたかもり》[133]を中心として、天皇、皇居の守護を任務とした「近衛兵」が創設されたのである。

また、明治七年、近衛歩兵大隊を基幹として近衛歩兵連隊（第一大隊と第二大隊を基幹に近衛歩兵第一連隊、第三大隊と第四大隊を基幹に近衛歩兵第二連隊が新設）が編成され、明治二十四年には、山県有朋《やまがたありとも》[134]により「近衛兵」は「近衛師団」に改称・創設され、「禁闕《きんけつ》[135]守護の責《せき》」を果たし「鳳輦《ほうれん》[136]供奉《ぐぶ》の任《にん》」に当たるといふ栄誉《えいよ》ある任務を担ふのである。

そして、昭和二十年八月十五日、終戦の大詔《たいしょう》[137]を賜《たま》はり帝国陸軍は解体され、近衛連隊に於いても軍旗奉焼《ほうしょう》が行はれた。一部の将兵は、禁衛府《きんえいふ》[138]皇宮衛士《こうぐうえじ》総隊に移籍したが、禁衛府の解体に伴《ともな》ひ「近衛兵」は完全に消滅することになる。

時代が下り、昭和二十九年に自衛隊が発足し、同三十七年に我が第三十二普通科連隊が市ケ谷台に編成を完結する訳であるが、その編成の経緯は、昭和三十六年度の「部隊誌」により明らかである。防衛二法[139]の施行に伴ひ、陸上自衛隊は十三個の師団態勢に移行し、それにより我が連隊は、習志野から移駐した旧第一普通科連隊・第二大隊を基幹として首都中枢の市ケ谷台に昭和三十七年一月十八日編成を完結したとの由《よし》である。

編成完結時の構成人員は左の如くである。

旧第一普通科連隊　第二大隊から　五百一名
旧第一普通科連隊　第一大隊・第三大隊から　三百三名

第二十一普通科連隊　十八名
第二十二普通科連隊　十九名
第二十普通科連隊　十八名
第一空挺団　十一名
東北方面隊の普通科連隊以外の部隊から　九名
東部方面総監部から　七名

なほ、総員は九百九十二名で、定員に対する充足率は七十八パーセント。充足基準に対する充足率は百四パーセントであつた。

我が連隊が一体いつから「近衛連隊」と呼ばれるやうになり、また、いつから連隊玄関に『近衛兵の精神』が掲げられてゐるのか判らないが、皇居に最も近き市ケ谷台に駐屯する普通科連隊（歩兵連隊）こそ一朝事ある秋《とき》に逸早《いちはや》く参上仕《つかまつ》り、命を賭して守護し奉るべき「近衛」であることを誰もが自覚してをり、自《おの》づと「近衛連隊」と称されたのであらう。我々は、自ら「近衛連隊」と称し、「近衛兵」を名告《なの》るからには、神武天皇御東征の際の大伴・物部の武功を讃《たた》へ、大化前代に於ける内舎人、兵衛府、靫負の至誠の奉公に思ひを馳《は》せ、また、令制下に於ける衛門府（ゆげひのつかさ）、兵衛府（つはものとねり）、衛士府、そして近衛府の兵士たちの揺るぎなき勤皇精神を規範と仰ぎ、或いは、近衛都督西郷隆盛を中心とした近衛兵の宮城守護の曇りなき御心を我が心とし、必死懸命に勤めなければならないのである。いざや、自ら「近衛連隊」と称し、自ら「近衛兵」を名告り、全国諸兵の模範たる近衛兵の精神を実践しようではないか。

（令和元年六月　部隊内に掲示・配布）

「皇居参上強行軍」の旗揚げ

部隊は、都落ちして埼玉県に移駐したが、一朝事ある秋《とき》は、たとひ一人であらうとも皇居に馳《は》せ参じ近衛兵としての使命を全うせねばならないといふ強い思ひに駆られ、平成十二年、三十四歳のとき、非常時を想定した大宮駐屯地から皇居までの行軍《こうぐん》を計画した。当時、同部隊の隊員に広く呼び掛け参加者を募つたが、結局賛同する者はなく一人で始めることとなつた。

天皇陛下を守護し奉らむがためのこの行軍を「皇居参上強行軍」と名づけ、六月

高山彦九郎

佐久良東雄

二十七日をその一回目、開始の日とした。六月二十七日は、高山彦九郎《たかやまひこくろう》、佐久良東雄《さくらあずまお》両大人《りょううし》[140]が等しく無《む》窮《きゅう》[141]の祈りを籠《こ》めて自らの命を断たれた日である。この「皇居参上強行軍」こそ両大人の心を継承して臨《のぞ》むべきであると考へ、敢《あ》へてこの御命日を訓練開始の日とした次第である。

　高山彦九郎（名は正之《まさゆき》）は、江戸中期の勤皇家。明治維新を遡《さかのぼ》ること百年、徳川幕府の勢威隆々《せいいりゅうりゅう》の時、先《さき》んじて「尊皇排覇《はいは》[142]」を説いて諸国を巡行した。その巡行は、常に幕府隠密《おんみつ》の尾行がある中、北は青森、南は鹿児島に及んだといふ。京都の公卿《くぎょう》[143]たちと密かに倒幕を図《はか》り、薩摩・島津を頼らうとしたが、彦九郎の志は受け容れられず、寛政《かんせい》五年六月二十七日（四十七歳）、筑紫久留米《つくしくるめ》に「我狂へり」と自刃《じじん》したのである。彦九郎死して七十五年、その活動期から数へて百年を経過し漸《ようや》く倒幕はなつたのである。

　また、佐久良東雄（名は靫負《ゆきお》）は、幕末の志士。九歳にして仏門に入り僧侶の身であつたが、国学[144]に潜心《せんしん》し、遂に国体信仰に帰一《きいつ》した。天保《てんぽう》十四年三十三歳の時、寺の庭に猛火を点じ、法衣《ほうえ》[145]等一切の仏具を焼き払ひ、同志宅にて徹底した禊を実修し七日七夜の沐浴《もくよく》[146]絶食を行ひ、更に鹿島神宮に詣《もう》でて七日間の絶食参籠《さんろう》[147]を行ひ改宗したといふ。後に大阪座摩《いかすり》神社の祝部《はふりべ》（神職）となつたが、万延《まんえん》元年桜田門外の変後、潜行《せんこう》[148]する高橋多一郎父子を隠匿《いんとく》[149]したことが幕吏《ばくり》[150]に探知され、江戸伝馬町の獄《ごく》に投獄される。東雄は、「我れ天朝の直民《てんちょうちょくみん》、何ぞ兇幕《きょうばく》[151]の粟《ぞく》[152]を食《は》まんや」と豪語《ごうご》して食を絶ち、万延《まんえん》元年六月二十七日（五十歳）、獄中に餓死《がし》した。

　私は、平成十二年六月二十七日夕、神前に高山彦九郎の歌「朽果《くちは》てて身は土となり墓なくもこころは国を守らんものを」、そして、佐久良東雄の歌「君がため朝霜《あさしも》ふみて行く道はたふとくうれしく悲しくありけり」を奉詠《ほうえい》し、「皇居参上強行軍」の開始を奉告《ほうこく》して大宮駐屯地を出発した。


　皇城《こうじょう》を決して守るの誓ひをば現《うつつ》にせむと事ぞ始むる

彦九郎東雄大人《うし》が朝霜のひとすぢ道に通はむとゆく

（平成十二年六月二十七日　著者詠）

常に陛下を己が背中にお背負ひ申し上げる気持ちで臨むべし

大宮から皇居までは直線距離で約三十一キロメートル。幹線《かんせん》道路等を活用して前進する場合、選定した経路にもよるが、三十二〜三十五キロメートルの距離である。一般の方が早歩き（時速四・五キロ程度）で七時間くらゐかかるので、仮にも軍人の私は、背嚢《はいのう》を背負つてもそれより早く歩かなければ武士の名折《なお》れである。最初は、背嚢に砂袋等を詰めて三十キロ程度のものを背負つてゐたが、徐々に重量を増し、五十キロ程度を通常としてゐた。しかし、近衛兵の精神を実践せむと「皇居参上強行軍」なるを旗揚げしたもののその訓練強度は必ずしも十分とは言へず中途半端さを否《いな》めなかつた。この「皇居参上強行軍」は、たとひ一人であらうとも断じて陛下をお守り申し上げるといふ気魄《きはく》をもつて訓練に臨《のぞ》むことが肝心であり、常に陛下を己《おの》が背中にお背負ひ申し上げる気持ちであらねばならないと心中に深く省みた。陛下（令和の御代の上皇陛下）の御体重が如何《いか》ほどであるか存じ上げないが、二十貫（約七十五キログラム）の背嚢を背負つて行軍することを恒《つね》とした。恐れ多いことではあるが、陛下をお背負ひ申し上げてゐると思ふと背嚢も軽く、真夏の炎天下も、或いは雨風激しい中も、寧《むし》ろ楽しい道行きであつた。

緊急事態を想定しての「強行軍」であるので、駐屯地を出発してから皇居に到着するまで休憩を取らないのが原則である。勿論《もちろん》、赤信号では歩みを止めざるを得ないが、背嚢を決して下ろさず、水分補給も己に固く禁じた。一応非常用の飲料水を背嚢に入れてはゐたが、意志が弱い私は、喉《のど》の渇きに耐へられず飲んでしまふことを恐れ、水筒の蓋《ふた》に「天皇弥栄《すめらみこといやさか》」と墨書《ぼくしょ》した紙を貼《は》り付けて封印《ふういん》した。神明《しんめい》153に誓つてその封印を破ることはないからである。

止《や》むことなき熱き思ひを描《つたな》くも現《あら》はさむとて宮居《みやい》に向かふ
大君《おおきみ》を直《じか》にお背負ひ申せよの庄平翁《しょうへいおう》がみ教へ践《ふ》まむ（影山庄平翁）
夜半《よわ》に発《た》ち都《みやこ》めざしてひた歩く「皇居参上行軍」楽し
重装に耐へてひたすらまゐのぼる吾《わ》が行軍に休息はなし

（筆者歌集『御楯の露』より）

荒川渡河に苦戦を強ひられる

皇居へは、国道十七号を南下するのが進路を維持する上で最もよい。ただ、戸田橋を渡つて埼玉県から東京都に入る際、戸田橋が崩落《ほうらく》して渡橋《ときょう》不能となつてゐた場合は、当然速《すみ》やかなる経路の変更が求められる。荒川沿ひに前進したこともあるが、必ずしも川沿ひに道路がある訳ではなく何度も迂回《うかい》を強《し》ひられ、特に暗夜《あんや》では地理に精通してゐなければ進路を維持するのが難しい。いづれにしても、何処《どこ》かで荒川を渡らなければならないので、そこを泳いで渡りきる泳力を身に付けておかねばならない。

さういふ次第で、前進経路上の橋梁《きょうりょう》[154]が崩落《ほうらく》してゐることを想定して、荒川の渡河《とか》を試みることにした。背嚢が沈まぬやうに浮体《ふたい》[155]を作製して取り付け、二十二時過ぎだつたらうか、今まさに泳ぎ出さうとしたときである。警察官が四名駆け寄つてきて、既《すで》に腰まで水に浸かつてゐる私を無理矢理引き上げたのである。後で判《わか》つたことだが、どうやら通りかかつた人が私を自殺志願者と間違へ、警察に通報したらしい。訓練を中断させられた上に、複数の警察官が同時にあれこれ質問してくるので、「職質（職務質問）は一人づつにしなさい」と彼らを叱り付け、目下《もっか》「天皇陛下を守護し奉らむがための皇居参上強行軍」の最中であり、これから荒川を渡河するので邪魔立てしないで欲しい旨《むね》を伝へ、高山彦九郎、佐久良東雄両大人《うし》の精神を説いて聞かせたが、彼らは一向に理解を示さず、私が自殺志願者でないことがわかると、戸田橋を渡つて行くやうに促し、私がその場からゐなくなるのを苛々《いらいら》しながら待つてゐるやうだつた。面倒臭いのですぐにその場を立ち去り、そのまま戸田橋を渡つて皇居に向かつたのである。

渡河の試みが失敗に終はつてしまつたことを省《かえり》み、万全の対策を講じて翌月の訓練に臨《のぞ》んだのだ。先づ、通行人に目撃されたことが失敗の切つ掛けであるので、渡河の時間を二十二時から人通りの殆どない午前零時《れいじ》過ぎに変更し、また、万全を期して、河岸《かがん》に到着してから泳ぎ始めるまでの時間を可能な限り短縮した。御蔭《おかげ》で警察官に渡河を制止されることはなかつたが、それからが地獄だつた。想像以上に川の流れが速く、下流に流されるばかりで中々対岸に辿《たど》り着くことができなかつたのだ。泳ぎは達者《たつしや》な方だつたが、自由を奪はれ流されてゐることに焦《あせ》りを感じ、何糞《なにくそ》と水流に抗《あらが》ふうちに体力が加速度的に消耗《しようもう》していつた。結局一キロメートル以上流されて溺死《できし》寸前で対岸に辿り着いた次第である。何とも情けなく、涙に暗《く》れながら、水を吸つて重量を増した背嚢を背負ひ皇居に向かつたあの夜を今も忘れることができない。

口舌《くぜつ》に「尊皇」を言ひ「勤皇」を語るは易《やす》く、それを実践することは至難《しなん》である。しかし、「尊皇」「勤皇」を具現《ぐげん》実行すること、実践することこそが今我々に求められてゐるのだ。いざ共に仕へ奉らむ。

（平成二十五年八月『もののふ』）

第七章

小野田寛郎少尉を局限で支へたもの

僕を必要とするところなら何処へでも行きます

元陸軍少尉・小野田寛郎《おのだひろお》氏との御縁《ごえん》は、岩手県の種山ケ原《たねやまがはら》で開催された「自然塾」に参加したことによる。開催日当日の夕、友人の結婚披露宴に出席してから急いで新幹線に飛び乗り会場に向かつたのを覚えてゐるが、最寄りの水沢江刺《みずさわえさし》駅に着いてからは、地図を頼りに目的地を目指した。夜も更《ふ》けゆく中、一刻も早くまゐらねばとの思ひもあつたが、参加への意気込みをいざ示さむと、外灯《がいとう》一つ無い七里（約二十八キロメートル）の山道を走つて向かつた。夏とはいへ山中は肌寒く丁度良い準備運動でもあつた。

私が恩師の命により参加したこの企画は、健全な青少年の育成を目的とする「小野田自然塾」の指導員を養成するための一回目の合宿であり、多くの現役大学生がその対象であつた。

山地の歩き方や火の起こし方、飯盒炊爨《はんごうすいさん》、自然物による方位の特定などの基本的なことは本より、炭焼《すみやき》、動物（羊）の解体要領等、様々な生存技術を教へて戴いた。

大学生たちがキャンプファイアを楽しんでゐるのを余所目《よそめ》に独り焚《た》き火の番をしてゐた私に、小野田少尉は三十年に亘《わた》るルバング島での戦ひから得た沢山の教訓を一つ一つ

「自然塾」参加者にルバング島での
体験をお話される小野田少尉

岩手県種山ヶ原で開催された小野田自然塾に参加
右は元陸軍少尉・小野田寛郎氏、左は筆者

詳しく話して下さつた。言ひ知れぬ感動を覚えた私は、興奮《こうふん》の余り即座《そくざ》に「小野田さん、今聞かせて戴いたお話を、部隊の隊員たちにも聞かせたいです。私の部隊に来て戴けませんか」と不躾《ぶしつけ》にも直談判《じかだんぱん》してしまつたのだ。当時、著名《ちょめい》な方の講演料の相場は三十万円であつたが、小野田少尉の場合は、「財団法人小野田自然塾」の設立を期《き》し、その目的達成のために講演料は六十万円といふ定めであつたのを思ひ出し、慌《あわ》てて「今ある貯金と冬のボーナスで必ずお支払ひしますので、どうか来て戴けませんか」と続けた。部隊では、小野田少尉ほどの御仁に講演して戴いたとしても精々《せいぜい》五千円程度の「御車料」くらゐしか捻出《ねんしゅつ》できない実情を知つてゐたからである。そして、私はこの時の小野田少尉の言葉を今も忘れることができない。小野田少尉はにつこりと笑つて、「原口君、僕を必要とするところなら、何処へでも行きますよ。お金なんか要りません」と仰せになつたのである。涙が溢《あふ》れて止まらなかつた。

小野田少尉自衛隊で講演

斯《か》くして、平成三年十二月九日、陸上自衛隊・市ケ谷駐屯地・第三十二普通科連隊に元陸軍少尉・小野田寛郎氏をお招き申し上げ、凡《およ》そ一時間半に亘り御講話を賜はつたのである。小野田氏には、同駐屯地所在の陸・海・空各部隊の隊員（幹部・曹・士）約六百名を対象に、「局限で私を支へたもの」といふ演題の下《もと》熱弁《ねつべん》を振るはれた。私は本《もと》より、隊員たちが多大なる感銘《かんめい》を受けたことは言ふまでもない。

講演会場は、忌《い》まはしくも昭和二十一年五月三日から二十三年十一月十二日までの二年七ケ月に亘り彼の極東国際軍事裁判《きょくとうこくさいぐんじさいばん》の法廷《ほうてい》とされた大講堂であり、占領軍が我が国を謂《いわ》れ無き罪にて断罪した場所でもある。而《しか》も、この年が大東亜戦争開戦五十周年といふ節目であることから、小野田氏には複雑なお心持ちで壇上《だんじょう》に立たれたのではないだらうか。

小野田寛郎元陸軍少尉は、大正十一年、和歌山県に生まれ、昭和十四年、旧制海南中学校を卒業後、「商社マン」として中国・漢口《かんこう》に渡られた。昭和十七年、和歌山歩兵第六十一連隊に入隊され、同年歩兵二一八連隊に転属。昭和十九年一月、九州久留米の予備士官学校に入学、同年八月に卒業され、同年九月、陸軍中野学校二俣《ふたまた》分校に於て訓練の後、同年十二月フイリピンに派遣され、ルバング島の游撃戦闘《ゆうげきせんとう》指導を命ぜられたのである。その後、三十年間作戦解除命令を受けることなく任務を遂行し続け、昭和四十九年、冒険家・鈴木紀夫氏との邂逅《かいこう》（巡り合ひ）を機に祖国に生還《せいかん》することとなつた。帰還《きかん》後、翌昭和五十年にはブラジルに渡り、牧場開発経営に当たられてゐたが、昭和五十九年、ルバング島での体験を生かし、日本の子供たちのために「小野田自然塾」を開かれ、ブラジルの牧場経営を継続しながら、青少年の健全な育成に尽力《じんりょく》されたのである。

小野田少尉が帰還された昭和四十九年、私は小学校一年生であつた。テレビ画面に映し出された小野田少尉の面魂《つらだましい》に、幼心《おさなごころ》にも絶大な感動を覚え、その血潮《ちしお》の滾《たぎ》りともいふべき強烈な感激を今も忘れることができない。

私が自衛隊に入隊したのは、若《も》しかすると、この時の小野田少尉の百戦練磨《れんま》の勇姿がずつと心の中に生き続けてゐたからかもしれない。入隊以来、飽くまで皇国《こうこく》軍人としての自覚に立ち、国体護持の大使命を奉《ほう》じてお勤め申し上げてゐたが、所詮《しょせん》現憲法下の自衛隊は国軍たり得ず、多くの隊員たちはその本義《ほんぎ》を見失ひ単なる月給取りに堕《だ》してゐた。それだけに、この小野田少尉の来隊《らいたい》は実に意義深く、価値あるものであつた。

講話の内容は、受講者が全て自衛官であることから、特に「任務の遂行」といふことに焦点《しょうてん》を当てられた。小野田氏は、三十年間戦ひ続けることができたのは「目的意識」があつたからであり、局限で私を支へたものはその「目的意識」なのだと言ふ。そして、これを堅持《けんじ》し続けるための「健康体の維持」があればこそと強調された。

目的とは、命ぜられた任務である。「命令」といふと何か覇道《はどう》的（武力で支配してゐる）、受動的にとらはれがちだが、国家存亡《そんもう》の秋《とき》、「我が身を犠牲にしてでも戦はなければ国の前途《ぜんと》が危《あや》ぶまれる」「自らが先頭に立つて戦はなければならない」と考へ、単に命令であるから任務に就《つ》くといふ受け身ではなく、身を挺《てい》して国のためにといふはつきりとした自覚があつたからこそ戦ひ抜くことができたと断言された。

　また、命令を遂行するためには「健康体を維持」することが極めて重要であり、これを損《そこ》なふと、頭脳が完全な働きをせず、思考力も低下するが、健康であれば目的意識も高まり、潜在《せんざい》能力を引き出すことも可能であるとし、特に戦闘上如何《いか》に「健康体を維持」することが重要かを指摘された。

　更には、日本国憲法の前文に触れられ、「日本国民は、（中略）平和を愛する諸国民の公正と信義に信頼して、われらの安全と生存を保持しようと決意した」ことは他力本願であるとしてこれを批判され、また、一朝事ある秋《とき》に、日米安全保障条約によりアメリカが駆け付けたとしても土台期待できないことが現実であると重ねて強調された。

　そして、小野田少尉がルバング島での決死の戦ひの中から得られた戦訓、戦術を語られ、現下《げんか》自衛隊に於ける部隊教育の水準を遥かに上回るものを授けて下さつた。

私は、小野田少尉が三十年間一心不乱ひとすぢに戦ひ抜かれたのは、それが単に軍人が軍命令に服するといふことではなく、その根柢にあるものが重要であつたやうに思ふのである。小野田少尉を斯《か》くあらしめたものは陸軍中野学校の教育であると言はれてゐるが、ここでは、単に戦術、戦法を学ばれたに過ぎず、三十年をかけ得たその決定的なものは、飽くまで「信仰」の問題であると私は考へる。「すめらみこと」の命を奉じ、「みこともち」としての小野田少尉が、純粋に「みことかしこみ」任務遂行に全力を傾けたのであらう。このことは、小野田氏が、特に昭和陛下を御崇敬《ごすうけい》申し上げ、その大御心を体し、自然塾を通じて青少年の健全な育成に尽力されたことからも明らかである。

自身の任務の遂行にその全てを捧げ一点も悔ゆるところのない小野田少尉の御高話を拝聴し、何の目的意識もなくただ生き長らへるだけの現代の隊員にとつて、これ程までに強烈に生命の意義を感じさせられたことはなく、また、これ程までに意欲を掻《か》き立てられたことはなかつたであらう。

未だ国軍は再建されず、自衛隊のあるべき姿を思ふと痛憤《つうふん》に耐へない毎日ではあるが、いつか必ず実現することを信じ、戦ひ続けてゆかねばならないと思ふのである。

（平成四年三月『道の友』）

平成二十六年一月十六日、元陸軍少尉・小野田寛郎氏は、静かにこの世を去られた。生前の御功績を讃《たた》へるとともに、心から哀悼《あいとう》の意を表したい。

三十年《みそとせ》を戦ひ抜《ぬ》きしもののふのあゝ逝《ゆ》きますてふ報《しら》せ哀《かな》しも
また一人師《し》と仰《あお》ぎたる人逝《ゆ》きて心寂《さび》しく夜《よ》を過ごしたり
岩手なる種山《たねやま》ケ原《がはら》に真夜《まよ》深く語り給《たま》へる大人《うし》の偲《しの》はゆ
ルバングの戦ひのさま聴《き》きたればいよよ心の燃えにけるかも
賜《たま》はれる文《ふみ》に捺《お》されしみ印《しるし》の不撓不屈《ふとうふくつ》の文字の重《おも》かる
大君《おおきみ》のみことかしこみひとすぢにみこともちとて戦ふ大人《うし》はや

（筆者歌集『御楯の露』より）

第八章　御国の遺訓を読む

「軍人ニ賜ハリタル勅諭」謹解

今号から「御国《みくに》の遺訓《いくん》を読む」と題して、「軍人勅諭《ちょくゆ》」についての解説を試みたいと思ふ。この勅諭は、謂《い》はば軍人精神教導の勅《みことのり》であり、冒頭に於て、『我国の軍隊は世々天皇の統率し給ふ所にぞある』と皇軍の本姿《ほんし》を明示され、中世以降の兵制の沿革を厳しく批難されつつ、つひに古《いにしえ》の制度に復した所以《ゆえん》を述べられてゐる。そして、君民一体の我が国体に基づき心一つに力を国家の保護に尽せと諭《さと》され、更に、『猶訓諭《なおおしえさと》すべき事こそあれいでや之《これ》を左《さ》に述べむ』として五カ条を掲げ、皇国軍人としての践《ふ》むべき道を指《し》南《なん》されてゐるのである。

一　軍人は忠節《ちゅうせつ》を尽すを本分《ほんぶん》とすべし
一　軍人は礼儀《れいぎ》を正しくすべし
一　軍人は武勇《ぶゆう》を尚《とうと》ぶべし
一　軍人は信義《しんぎ》を重んずべし
一　軍人は質素《しっそ》を旨《むね》とすべし

今号は、右の五カ条中、最も肝心なる第一条を謹載《きんさい》し解読してゆきたい。古今《ここん》に通じて謬《あやま》らぬ明治大帝の御諭《みさとし》を、今こそ心に刻むべき秋《とき》ではないだろうか。

軍人は忠節を尽すを本分とすべし

一　軍人は忠節[156]を尽すを本分とすべし。凡生《およそせい》を我国に稟《う》くるもの、誰かは国に報《むく》ゆるの心なかるべき。況《ま》して軍人たらん者は、此《この》心の固《かた》からでは物の用に立ち得べしとも思はれず。軍人にして報国の心堅固《けんご》ならざるは、如何程《いかほど》技芸《ぎげい》[157]に熟し学術に長ずるも、猶偶《なおぐう》人《じん》[158]にひとしかるべし。其隊伍《そのたいご》[159]も整ひ、節制《せっせい》[160]も正しくとも、忠節を存ぜざる軍隊は、事に臨《のぞ》みて烏合《うごう》の衆に同《おな》じかるべし。抑《そもそも》国家を保護し国権を維持するは兵力に在れば、兵力の消長《しょうちょう》[161]は是国運[162]の盛衰《せいすい》[163]なることを弁《わきま》へ、世論に惑《まど》はず、政治に拘《かかわ》らず、只々一途《ただただいちず》に己が本分の忠節を守り、義は山嶽《さんがく》よりも重く、死は鴻毛《こうもう》[164]よりも軽しと覚悟せよ。其操《そのみさお》[165]を破りて不覚《ふかく》を取り汚名《おめい》を受くるなかれ。

（※濁点句読点は筆者）

【現代語訳】

一　軍人は、真心を尽して天皇陛下に仕《つか》へ奉《まつ》ることを本分としなければならない。だいたい我国に生を享ける者で、国に報いる心の無い者などゐるだらうか。いや、ゐるはずがない。況《ま》してや言ふまでもないことだが、軍人のやうな立場の者は、この心（国に報いる心）が固くなければ、到底お役に立つことなどできないのである。軍人でありながら報国の心が堅固《けんご》でない者は、どれだけ技芸に熟練し、また学問に優れてゐても、結局は木偶《でく》（木彫りの人形。役に立たない人を罵《ののし》って言ふことば）に等しいとしか言ひ様がない。隊列も整然としてをり、また規律が厳正であったとしても、真心を尽して天皇陛下に仕へ奉らうとする心を持たない軍隊などは、所詮纏《まと》まりがなく実に脆《もろ》いもので、大事に直面した時には、単なる烏合《うごう》の衆と同じである。抑々《そもそも》国家を危険なことから守り、国の権威を維持するのは軍隊の力であるから、兵力の消長《しょうちょう》といふものが国の運命の盛衰そのものであることを重々《じゅうじゅう》心得、世論に惑はされることなく、また政治に左右されることなく、唯々一途に自らの本分である忠節（真心を尽して天皇陛下に御奉公すること）を守り、公のために尽す正義といふものは、高く聳《そび》える山岳よりも重く尊いものであることを自覚し、これを貫くためには、「死は鴻毛《こうもう》よりも軽し」と心得、自らの命をも惜しまぬ覚悟でゐなければならない。その節操《せっそう》を破つて不覚を取り、汚名を受けることがあつてはならないのである。

（平成十六年六月『言靈』）

軍人は礼儀を正しくすべし

前号から「御国の遺訓を読む」と題して、「軍人勅諭」についての解説を試みてゐるが、軍人精神教導の勅であるこの勅諭には、皇国軍人として備ふべき精神が悉《ことごと》く記されてゐる。読み解くほどに自省の念に駆られ、今日に於ける軍人精神の欠如を痛感すると共に、勅諭復活を熱禱《ねつとう》するばかりである。

今号は、五箇条中、軍人が上下一致して臣下の勤めを果たす為に欠くことのできない「礼儀」についての御諭《みさとし》を謹載《きんさい》致し、解説してゆきたい。

一　軍人は礼儀を正しくすべし。凡《およそ》軍人には上元帥《かみげんすい》[166]より下一卒《しもいっそつ》[167]に至るまで其間《そのあいだ》に官職の階級ありて、統属《とうぞく》[168]するのみならず、同列同級とても停年《ていねん》[169]に新旧あれば、新任の者は旧任のものに服従すべきものぞ。下級のものは上官の命《めい》を承《うけたまわ》ること実は直に朕《ちん》[170]が命《めい》を承る義[171]なりと心得よ。己が隷属《れいぞく》する所にあらずとも、上級の者は勿論、停年の己より旧《ふる》きものに対しては総《す》べて敬礼を尽すべし。又上級のものは、下級のものに向ひ、聊《いささか》も軽侮《けいぶ》[172]驕傲《きょうごう》[173]の振舞《ふるまい》あるべからず。公務の為に威厳を主とする時は格別なれども、其外《そのほか》は務めて懇《ねんごろ》に取扱ひ、慈愛《じあい》を専一《せんいつ》と心掛け、上下《しょうか》一致して王事[174]に勤労せよ。若《もし》軍人たるものにして礼儀を紊《みだ》り、上を敬はず下を恵まずして、一致の和諧《わかい》[175]を失ひたらんには、啻《ただ》に軍隊の蠹毒《とどく》[176]たるのみかは国家の為にもゆるし難き罪人なるべし。

（※濁点句読点は筆者）

【現代語訳】

一　軍人は礼儀を正しくしなければならない。一般に軍人には、上は元帥から下は兵卒に至るまで、それぞれの身分と職務に応じた階級というものがあり、これによって軍全体を戒《いまし》め、本《もと》を正して一つに纏《まと》めてゐるのだが、階級による上下だけではなく、同等の地位や階級であっても序列の上下（その地位・階級に昇級した年が早いか遅いか）があるならば、序列が下位の者は、序列が上位の者に服従しなければならない。下位の者は、上官の命令を受けるといふことは、言ひ換へれば直に朕（天皇陛下）の命令を受けるといふことであり、その意義は臣下の守るべき道であると重々心得なければならない。自分が従属してゐる所（部隊）でなくとも、上級者に対しては勿論、序列が自分より上位の者に対しては、悉《ことごと》く敬ひの心をもつて礼を尽さなければならない。また、上級者は、下級者に対して僅《わず》かなりとも見下して馬鹿にしたり、驕り高ぶつて無礼な振る舞ひをするやうなことがあつてはならない。公務の為に威厳を示すのを根本とする場合は特別であるけれども、その他は務めて心を籠めて懇切《こんせつ》に取り扱ひ、専《もっぱ》ら慈愛《じあい》の精神をもつて、上も下も心一つに臣下の勤めを果たしなさい。若《も》しも軍人でありながら礼儀を乱し、上を敬はず、下に情けをかけず、心を一つに仲良くしようとしないならば、それは、ただ軍人にとつて害悪であるばかりか、国家の為にも許すことのできない罪人であるに違ひない。

（平成十七年六月『言靈』）

軍人は武勇を尚ぶべし

今号は、五箇条中、軍人として片時も忘れてはならない「武勇」についての御諭《みさとし》を謹《きん》載《さい》し、解説してゆきたい。

一　軍人は武勇[177]を尚《とうと》ぶべし。夫《それ》武勇は我国にては古《いにしえ》よりいとも貴《とうと》べる所なれば、我国の臣民《しんみん》[178]たらんもの武勇なくして叶《かな》ふまじ。況して軍人は戦《たたかい》に臨《のぞ》み敵に当るの職なれば、片時も武勇を忘れてよかるべきか。さはあれ武勇には大勇《たいゆう》[179]あり小勇《しょうゆう》[180]ありて同じからず。血気《けっき》[181]にはやり粗暴《そぼう》の振舞などせんは武勇とは謂《い》ひ難し。軍人たらんものは、常に能く義理を弁《わきま》へ、能く胆力《たんりょく》[182]を練り、思慮《しりょ》を殫《つく》して事を謀《はか》るべし。小敵たりとも侮《あなど》らず、大敵たりとも懼《おそ》れず、己が武職を尽さむこそ誠の大勇にはあれ。されば武勇を尚ぶものは、常々人に接《まじわ》るには温和を第一とし、諸人《しょにん》の愛敬を得むと心掛けよ。由なき勇を好みて猛威を振ひたらば、果は世人も忌嫌《いみきら》ひて豺狼《さいろう》[183]などの如く思ひなむ。心すべきことにこそ。

（※濁点句読点は筆者）

【現代語訳】

一　軍人は武勇を重んじなければならない。抑々《そもそも》武勇といふものは、我国に於て昔から殊《こと》の外《ほか》重んじられてゐるものである。だから、我国の臣民であるならば、武勇を備へてゐないやうなことがあつてはならない。況《ま》して言ふまでもないことだが、軍人は戦闘に臨み、敵と戦ふのが任務であるから、片時も武勇を忘れることがあつてはならない。しかしながら、武勇には大勇と小勇とがあつて、これらは決して同じものではない。向かう見ずに勢ひこんで、荒々しく振る舞ふやうな風を武勇と呼ぶことはできない。軍人といふものは、常に物事の正しい筋道を心得、何事にも恐れたり驚いたりしない気力（度胸）を十分に身につけ、また、注意深く物事を考へて如何にすべきか、打つ手を探らねばならない。たとひ小敵であつても侮《あなど》らず、また大敵であらうとも恐れることなく、自分の軍人としての職を全うすることこそ本当の大勇なのである。さて、武勇を重んじる者は、平素から人に接する時には、優しく穏やかであることを第一として、多くの人々から親しまれ、また敬はれるやうに心掛けなさい。理由もなく勇み立ち、強さを誇示《こじ》して愉《たの》しみ、愈々《いよいよ》猛威を振つてゐるならば、結果として世間の人々も嫌がつて避けるやうになり、豺狼《さいろう》のごとき者と思ふであらう。注意しなければならないことである。

（平成十七年十二月『言霊』）

軍人は信義を重んずべし

今号は、五箇条中、常に軍人の堅く守るべき「信義」についての御諭を謹載致し、解説してゆきたい。

一　軍人は信義を重んずべし。凡《およそ》信義を守ること常の道にはあれど、わきて軍人は信義なくては一日も隊伍の中に交じりてあらむこと難かるべし。信とは己が言を践《ふみ》行ひ、義とは己が分を尽すをいふなり。されば、信義を尽さむと思はば、始《はじめ》より其《そ》の事の成し得べきか、得べからざるかを審《つまび》らか[184]に思考すべし。朧気《おぼろげ》[185]なる事を仮初《かりそめ》[186]に諾《うべな》[187]ひてよしなき関係を結び、後に至りて信義を立てむとすれば、進退谷《きわ》まりて身の措《お》き所に苦《くるし》むことあり。悔《く》ゆとも其詮《そのせん》なし。始《はじめ》に能々《よくよく》事の順逆[188]を弁《わきま》へ、理非《りひ》を考へ、其《その》言は所詮《しょせん》践むべからずと知り、其《その》義はとても守るべからずと悟り、なほ速《すみやか》に止《とどま》るこそよけれ。古より或は小節《しょうせつ》[189]の信義を立てんとて大綱《たいこう》[190]の順逆を誤り、或は公道の理非に踏迷《ふみまよ》ひて私情の信義を守り、あたら英雄豪傑《ごうけつ》どもが禍《わざわい》に遭《あ》ひ、身を滅《ほろぼ》し屍《かばね》の上の汚名を後世《のちの》まで遺《のこ》せること、其例《ため》し少からぬものを深く警《いまし》めでやはあるべき。

（※濁点句読点は筆者）

【現代語訳】

一　軍人は信義を重んじなければならない。抑々《そもそも》信義を守るといふことは、人が踏み行ふべき当たり前の道徳ではあるけれども、特に軍人は、信義を守らなければ一日たりとも隊列の中で仲間と打ち解け合ふことなどできないであらう。信とは、自分が口に出したことを必ず実行することであり、義とは、自分の責任を果たすことをいふのである。さういふ訳であるから、信義を尽さうと思ふのならば、初めからその事を成し遂げることができるか否かを事細かく考へなければならない。成否のはつきりしないことを、その場だけのものとして軽々しく承諾《しょうだく》して、つまらぬ関係を保ち、後になつてそれを実行して責任を果たさうとしても、進退きはまつて身動きがとれなくなり、身を落ち着ける場所もなく苦しむことになるのだ。後悔しても為すべき方法などないのである。初めに、念には念を入れてそのことが道理に合つてゐることなのか道理に背くものなのかを見極め、正しいのか正しくないのかをよく考へ、その言葉のままに結局実行することができないと解り、また、自分の責任を果たすことなど到底できる筈がないと悟つて、すぐさま止まるのが正しいのである。ずつと昔から言はれてゐることだが、ある時は、取るに足りない義理のために信義を立てようとして、根本的なところで、それが道理に適《かな》つてゐるのか否かを取り違へ、またある時は、正しい道がどちらであるのか迷つて、個人的な感情のままに自分だけに都合のよい信義を貫いたばかりに、残念なことに、才能や武勇にひとときは優れた者たちが災難に遭つて身を滅ぼし、死してなほその汚名を後世に遺してゐるといふ話が少なくないといふことを、深く心に留めて置かねばならないのではないのか。

（平成十八年十二月『言靈』）

軍人は質素を旨とすべし

今号は、五箇条中、決して等閑《なおざり》にすべからざる「質素」についての御諭を謹載致し、解説してゆきたい。

一　軍人は質素《しっそ》[191]を旨とすべし。凡《およそ》質素を旨とせざれば、文弱《ぶんじゃく》[192]に流れ、軽薄《けいはく》に趨《はし》り[193]、驕《きょう》奢《しゃ》[194]華靡《かび》[195]の風を好み、遂には貪汚《たんお》[196]に陥《おちい》りて、其《その》志も無下《むげ》[197]に賤《いや》しくなり、節操《せっそう》[198]も武勇も其甲斐なく、世人《よのひと》に爪《つま》はじきせらるゝ迄に至りぬべし。其身生涯の不幸なりといふも中々愚なり。此《この》風《ふう》一《ひと》たび軍人の間に起りては、彼の伝染病の如く蔓延し、士風《しふう》[199]も兵気《へいき》[200]も頓《とみ》に[201]衰へぬべきこと明なり。朕深く之を懼《おそ》れて曩《さき》に免黜《めんちゅつ》[202]条例《じょうれい》[203]を施行し、略《ほぼ》[204]此事《このこと》を誡《いまし》め置きつれど、猶《なお》も其悪習の出んことを憂ひて心安からねば、故《ことさら》に又此を訓《おし》ふるぞかし。汝《なんじ》等《ら》軍人ゆめ[205]此訓誡を等閑《なおざり》にな思ひそ。[206]

（※句読点は筆者）

【現代語訳】

一　軍人は、質素即《すなわ》ち外面を飾らず、地味で慎ましい生活態度を目標としなければならない。一般的に、質素であることを心掛けてゐないと、学問や芸術などに夢中になり、気性が弱々しくなるばかりか、言葉や行ひが浅はかで軽々しくなり、贅沢で派手な趣《おもむき》を好み、遂には欲張りで心が汚い人間になり、その志もひどく低迷して、たとひ自分の信念を守り、また、武術に優れて勇気があらうとも、その効果はまるで無く、世の人々に嫌はれて除《の》け者にされるまでに落ちぶれるに違ひない。そして、自分が一生不幸せで恵まれないといふのは言ふまでもない。このやうな風潮が、一旦軍人の間に生じると、あの恐ろしい伝染病のやうに蔓延し、急激に軍紀を乱し、兵士の士気を低下させるであらうことは明らかである。朕は、このことを深く心配して、嘗《かつ》て質素を心掛けなければその官職を辞めさせ、その地位から退ける法令を施行し、あらましこのことを戒《いまし》めて置いたけれども、やはり、このやうな悪習が出てくることを憂ひて安心できないので、敢へて再び教へ諭すのだぞ。汝《なんじ》ら軍人は、決してこの訓誡《くんかい》を疎《おろそ》かに思ふなよ。

（平成十九年三月『言靈』）

第九章　硫黄島戦を忘れてはならない

平成二十年四月、航空自衛隊と協同訓練をした際の担当者の縁故《えんこ》により、念願の硫黄《いおう》島《とう》への渡島が実現した。防衛大学校三年生の冬季定期訓練や幹部自衛官の各教育課程に於ける研修を除いて一般部隊の渡島研修は原則として受け入れてゐなかつたが、当時、航空自衛隊には「格闘検定」またはそれに類するものがなく、それがゆゑに、硫黄島に勤務する隊員たちに我々が格闘訓練を指導し、検定を実施するといふ特命のもと渡島が許されたのである。

硫黄島渡島にあたり是非とも靖國神社の桜を御霊《みたま》に手向《たむ》けたく、その旨を同社に申し上げたところ、格別な御配慮により開花間近の境内《けいだい》の八重桜の三枝を賜はることができた。そしてまた、島内「鎮魂の丘」の慰霊碑、激戦の各所に水を献《たてまつ》りたく神社の清水を五升《しょう》（約十リットル）頂戴した。

翌朝、航空自衛隊の輸送機に搭乗《とうじょう》し、硫黄島に向かつた訳だが、着陸せむとする滑走路の下に今もなほ一万人以上の硫黄島戦士の御遺骨が眠つてゐることを思ひ、そこに降り立つ瞬間、恐懼《きょうく》207（恐れ畏むこと）のあまり足が震へてしまつたのを今でも忘れることができない。

都より南遥かに七百海里渺《びょう》たる孤島《ことう》に今し降り立つ
灼熱《しゃくねつ》の地下に眠れる人々の声なき声を聴かむと来たり

（筆者詠）

硫黄島の概要

硫黄島は活火山の火山島であり、その周囲の島々とあはせて火山列島（硫黄列島）と呼ばれる列島を形成してゐる。地熱が高く島の至る所に噴気《ふんき》があり、噴出する火山性ガス（二酸化硫黄）により特有の匂ひが立ち込めてゐる。これが硫黄島の名の由来でもある。行政区分上は、東京都小笠原村に属し、東京都区部（東京二十三区）から南方一二〇〇キロメートルに位置する東西八キロメートル、南北四キロメートルの島である。また、沖縄本島、南鳥島、グアム島からそれぞれ一二〇〇～一三〇〇キロメートル程度の距離に位置してゐる。

座標　北緯　二四度　四五分　二九秒
　　　東経　一四一度　一七分　一四秒

硫黄島

面積　二三・七三平方キロメートル
海岸線長　約二二キロメートル
最高標高　一七〇メートル
最高峰　摺鉢山《すりばちやま》（パイプ山）
気候　亜熱帯《あねったい》海洋性気候。年平均気温は二四度、最高気温は四〇度近い日もある。

現在、硫黄島には海上自衛隊と航空自衛隊の基地が置かれてをり、基地関係者以外の民間人の立ち入りはできない。しかし、旧島民らの慰霊や遭難《そうなん》のための上陸は例外として許されてゐる。

硫黄島航空基地は、海上自衛隊管理下の軍用飛行場であり、海上自衛隊は、航空管制及び基地の施設管理等のために硫黄島航空基地隊（航空集団第四航空群）を配備し、また、救難及び小笠原諸島等の急患輸送のために第二一航空隊硫黄島分遣隊（航空集団第二一航空群）

を配備してゐる。

航空自衛隊は、訓練機の飛行統制や後方支援のため硫黄島基地隊（中部航空方面隊）を置いてをり、実験機や戦闘機の訓練基地として使用してゐる。航空自衛隊に於ては、硫黄島分屯基地（入間基地の分屯基地）と称される。基地にある滑走路は、二六五〇メートル×六〇メートルの一本のみだが、二六五〇メートル×三〇メートルの平行誘導路が、トラブルによる主滑走路閉鎖時に離着陸の可能な緊急滑走路として整備されてゐる。

また、航空自衛隊の実験機や戦闘機の訓練基地としてだけではなく、国内で唯一、陸海空の三自衛隊の統合的作戦演習が可能な拠点でもある。

英霊を冒瀆する言動の数々

島に到着してすぐに宿舎に案内して戴き、数日間滞在するのに必要な管理上の説明を丁寧にして戴いたのだが、その最後の言葉に私は眉《まゆ》を顰《ひそ》めた。「寝る前に必ずコップに水を汲んでドアの前に置いて下さいね。さうぢやないと日本兵が入つてきちやひますから」と薄ら笑みを浮かべながら言ふのである。激しい口渇《こうかつ》[208]に苦しまれた硫黄島戦士に水

硫黄島戦没者の碑

を献《たてまつ》りお慰み申し上げるといふ趣旨《しゅし》ならば理解できるが、まるで悪霊《あくりょう》、怨霊《おんりょう》の類ひを招き入れないやうにと言はむばかりに発した言葉に激しい怒りを覚えた。

荷物を片付けてすぐに「鎮魂《ちんこん》の丘」に赴《おもむ》き、碑前に靖國神社から賜はつた清水と御酒《みき》をなみなみと献り、また、仄《ほの》かに咲き匂ふ八重桜を供へて拝《おろが》み奉り、感謝の誠を捧げ奉つた次第である。そして、島内各所の慰霊巡拝は翌日以降の訓練時間と調整を図《はか》つて行ふこととし、マイクロバスで島内の著名な施設等を案内して戴いた。途中、航空自衛隊が研修者に配付する資料として作成した島内地図にも描かれてゐる「サウナ壕《ごう》」に案内された。先に述べたやうに、硫黄島は地熱が高く、当時戦闘準備間に陣地を構築せむと壕を掘り続けたものの、地熱が高過ぎたために、そこに長時間居留《きょりゅう》することは困難であると判断し放棄《ほうき》された壕は少なくない。硫黄島戦士たちがその壕で戦はれたのでないにしても、そこを、隊員たちの娯楽施設（サウナ）として使用するなど言語道断である。しかも、その入口には、煙草《たばこ》の吸殻《すいがら》とビールの空缶が散乱してゐるのだ。私は、この無道[209]なる振る舞ひを激しく非難し、涙を堪《こら》へて煙草の吸殻とビールの空缶を拾ひ続けた。これが硫黄島に到着してから僅《わず》か二時間の間に起こつた出来事である。私は宿舎に戻つてから、堪《こら》へ切れず独り哭《な》いた。

鎮魂《ちんこん》の丘に至りて咲き出づる九段桜《くだんざくら》の一枝《ひとえ》手向《たむ》けつ
靖國の宮より賜へる真清水《ましみず》を往時《おうじ》を偲びなみなみと注《つ》ぐ
（筆者詠）

硫黄島の戦略的価値

硫黄島は日本の最南端に位置し、絶好の飛行場適地であることから、日本軍がこれを確保することにより、本土防衛の前哨《ぜんしょう》[210]として時間の余裕を獲得でき、また、米軍のマリアナ諸島攻略に対する中部太平洋作戦に於て不沈空母《ふちんくうぼ》[211]としての役割を果たすことができると考へられてゐた。

一方、米軍にとつても、日本本土を爆撃するためには絶対の要衝《ようしょう》[212]であり、既に昭和十九年十一月には、Ｂ二十九爆撃機を九〇機、護衛戦闘機五個中隊（一八〇機）を硫黄島に展開させる計画を立ててゐた。マリアナ（グアム・サイパン）と日本本土の中間に位置する硫黄島に中間基地を推進《すいしん》させることにより、Ｂ二十九爆撃機を援護する長距離戦闘機の基地を獲得でき、日本本土に対する航空攻撃を強化することができるからである。

硫黄島は、日米両軍にとつて緊要《きんよう》[213]な島であつた。

硫黄島戦における日米両軍の相対戦闘力（戦闘力の比較）

	日本軍	米軍
歩兵	九個大隊	二七個大隊
戦車	一個連隊	三個大隊
砲兵	陸軍 五個大隊 海軍 砲二三門	陸軍 一四個大隊 海軍 砲一六八門
航空	特攻機延約七五機	延四、〇〇〇機以上
艦砲	艦砲射撃の支援なし	艦砲射撃一四、二五〇トン
総兵力	二一、一五二名 （陸軍一三、四四九名） （海軍七、七〇三名）	六一、〇〇〇名

日米両軍の相対戦闘力は右表の通りで、米軍は日本軍の約三倍の兵力を有してゐた。

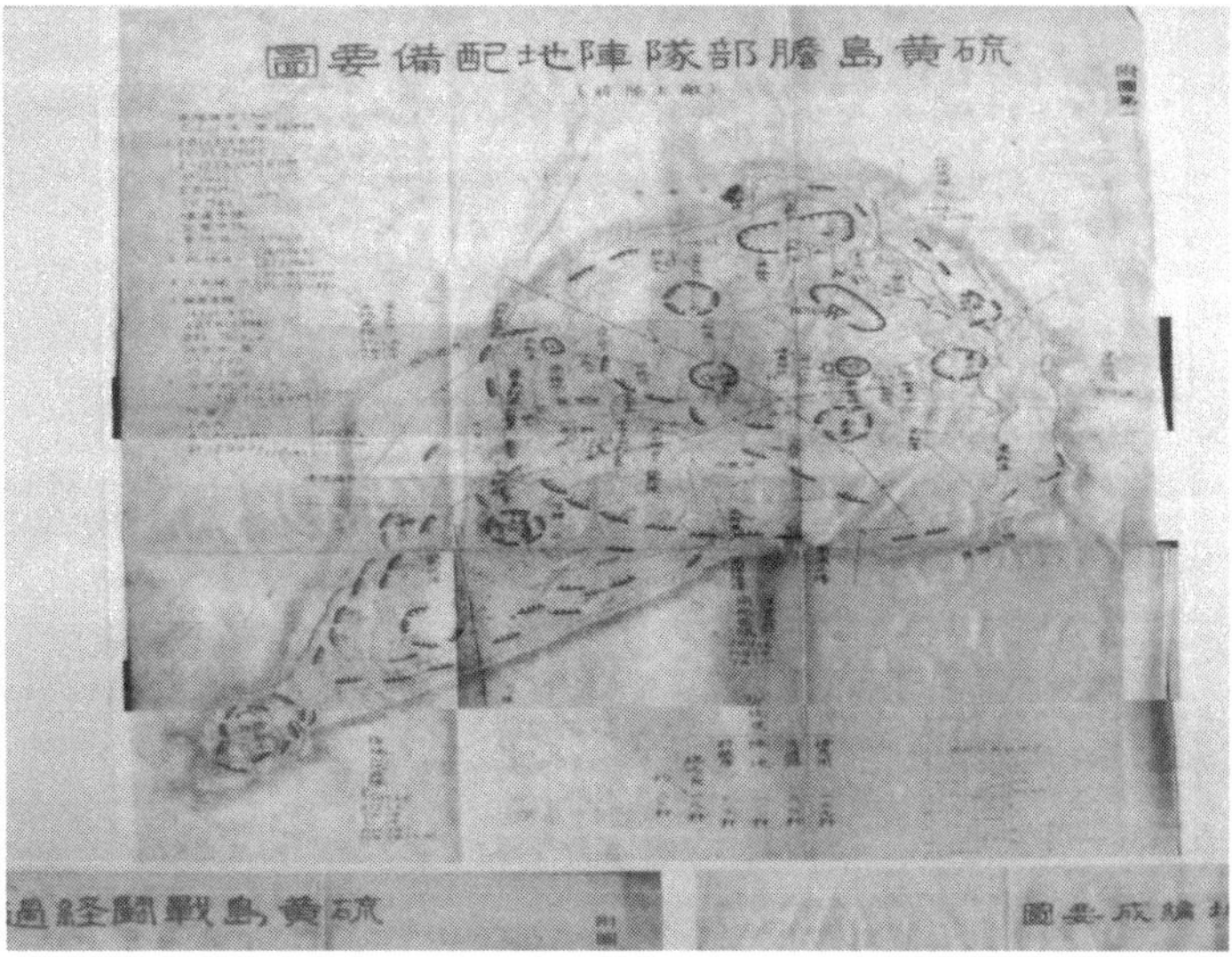

当時の陣地配備図

二ツ根浜
アメリカ海兵隊が最初に上陸した海岸

しかし、米軍の戦車・火砲の性能や兵站《へいたん》[214]（弾薬・燃料・糧食など）支援の充実をこれに附加し、更に、彼らの無限大に等しい艦砲《かんぽう》射撃[215]や航空攻撃等を加味《かみ》すれば、両軍の相対戦闘力は一段と大きく懸隔《けんがく》[216]してゐたと言はざるを得ない。また、前表の他に陸軍・海軍から派遣された部隊を含めると米軍の兵力は十一万人以上であつたとも言はれてゐる。

硫黄島戦における日米両軍の損耗

	戦死	戦傷	合計
日本軍	陸軍 一二、七二三	陸軍 七二六	二一、一五二
	海軍 七、四〇六	海軍 二九七	
	計 二〇、一二九	計 一、〇二三（軍属七六を含む）	
米軍	海兵隊 五、九二九	海兵隊 一九、九二〇	二八、六八六
	海軍 八八一	海軍 一、九一七	
	陸軍 九	陸軍 二八	
	計 六、八二一	計 二一、八六五	

米軍は、当初の作戦計画では五日間で島全体を占領する予定であつたが、摺鉢山《すりばちやま》の占

ニツ根浜トーチカ群
当初から海岸に暴露した状態で
構築されてゐるため極めて堅固

航空機を活用したトーチカ

米軍シャーマン戦車の残骸

領だけで五日間を要し、日本軍の果敢《かかん》な抵抗に約一ケ月に亘《わた》り苦戦を強《し》ひられるのである。日米両軍の戦闘力に大きな差があつたにも拘《かか》はらず、米軍の損耗《そんもう》が日本軍のそれを上回り、この硫黄島戦は、攻撃側の損耗が防御側の損耗を上回つた唯一の戦例として世界戦史上に記録されることとなつたのである。

凄絶なる硫黄島戦の事実を忘れてはならない

平成六年二月十二日、天皇陛下には硫黄島に行幸《ぎょうこう》遊ばされた。天皇陛下は、皇后陛下を伴《ともな》はれて「天山《てんざん》慰霊碑」に向かはれ、昭和二十年二月からの米軍上陸戦で戦死した約二万人の日本軍将兵の御霊に菊の花束を手向けられ、柄杓《ひしゃく》で水をかけられて拝礼された。そして、父島（小笠原諸島の主島）に赴《おもむ》かれたその日の夜、侍《じ》従《じゅう》を通じて次のやうに仰《おお》せになられたのである。

「硫黄島における戦ひは大洋に浮かぶ孤島の戦ひであり、地熱や水不足などの厳しい環境条件が加はり、筆舌《ひつぜつ》に尽くし難いものでありました。この島で日本軍約二万人が玉《ぎょく》砕《さい》し、米軍の戦死者も約七千人といふ多数に上りました。この度、この島を訪問し、祖国のために精魂込めて戦つた人々のことを思ひ、また、遺族のことを考へ、深い悲しみを覚えます。今日の日本が、このやうな多くの犠牲の上に築かれたものであることに深く思ひを致します。鎮魂の碑の正面に立つ摺鉢山は忘れ難いものでありました」

陛下が戦死者を「祖国のために精魂込めて戦つた人々」と讃《たた》へられたのは異例のことであり、島の全域に眠る硫黄島戦士たちは、何よりの誉《ほま》れとお悦《よろこ》びになつたに違ひない。

御製

精魂を込め戦ひし人未だ地下に眠りて島は悲しき

御歌[217]

慰霊地は今安らかに水たたふ如何《いか》ばかり君ら水を欲《ほ》りけむ

大東亜戦争が勃発《ぼっぱつ》してから昭和十九年に至るまでは、硫黄島には海軍航空部隊の基地が置かれてゐただけで、二千名程度しか駐屯してゐなかつた。

昭和十九年二月、内南洋防備のために第三十一軍が編成され、その一翼として栗林《くりばやし》忠道《ただみち》中将を長とする第一〇九師団が送られ、本格的な硫黄島防衛態勢に着手するのである。また、海軍も市丸利之助《いちまるりのすけ》少将以下六千名に増強し、陸軍の約一万四千名と合はせて約二万名の態勢を整へたのである。

さて、米軍は、グアム・サイパンを奪取《だっしゅ》し、両島をB二十九爆撃機の戦略基地（長期的な展望に立つた作戦運用のための基地）としたが、更に硫黄島を戦術基地（具体的な作戦遂行のための基地）とすべく、その前提として、昭和十九年九月から二十年二月に至るまでの五か月間、硫黄島に対するグアム・サイパン基地空軍による爆撃は七十五回、艦載機《かんさいき》（艦上機《かんじょうき》）による爆撃は十二回（延べ三三七一機）の多きに及んだといふ。

この米軍の硫黄島攻略計画に対し、小笠原兵団長・栗林中将（昭和十九年七月、小笠原兵団編成）が裁決[218]した防衛原則と戦闘要領は次の通りであつた。

一、我が各砲台は敵の上陸用舟艇《しゅうてい》に対して、砲口を開かないこと。

一、敵の上陸を許し、水際に於ては暫《しばら》く地上戦闘を行はないこと。

一、敵が内陸に約五百ヤード（約四五〇メートル）前進集中する機会を捉へ、千鳥飛行場前面のトーチカ陣地に於て攻撃を開始し、摺鉢山及び元山の両地区から有力な支援火砲を集中すること。

一、主抵抗は北部の洞窟陣地に於て行なひ、千鳥飛行場に於ては、決戦的消耗に陥《おちい》ら

硫黄島神社

ないこと。

栗林兵団長が従来とは大きく異なる思ひ切つた戦法を裁決したのは、グアム・サイパンに於ける水際《みずぎわ》戦闘で兵力火力の半分を失ひ、持久戦力を消耗したことの反省による。そして、この戦法は、摺鉢山の一部の砲台で止むを得ない状況に於て敵舟艇《てきしゅうてい》に発砲したが、陸海軍将兵の旺盛《おうせい》[219]な敢闘《かんとう》[220]精神と相俟《あいま》つて、三ケ月に亘《わた》り戦闘が継続されたのである。

なほ、前述の「止むを得ず発砲した砲台」についてだが、このことは、兵団の沈黙方針に反する過早《かそう》射撃であり、これにより砲台の位置を暴露《ばくろ》して、敵の艦砲射撃により事前に潰されたとして、戦後長らく非難され続けてきたが、筆者は現地（砲台の位置）に至り、戦場の実相《じっそう》[221]に深く思ひを致し、一つの結論を得たのだ。
抑々《そもそも》、海軍砲台は敵の艦艇を射撃するためのものであり、海軍砲台守備隊は、敵が上陸するまでは海軍部隊指揮官の指揮下で行動し、敵上陸後に最寄りの陸軍地区隊長等の指揮下に入ることになつてゐたのである。そして、熾烈《しれつ》[222]な砲爆撃の中で、敵の水中破壊班が海岸へ接近するのを主上陸と見誤るほど切迫感を覚えたのは当然であらうし、更には、準備した砲台が破壊される前に何としても敵艦艇に射撃して損害を与へたいといふ守備隊将兵の戦場心理も理解できる。さうした戦場の実相を思へば、発砲は止むを得なかつたと言へるのではないだらうか。

敵艦《あだぶね》を撃ち沈めしとふ大砲《おおづつ》の錆《さ》びて今なほ海睨《にら》みをり
錆びたれど今なほ海を睨みたる摺鉢山《すりばちやま》の一番砲はも
沈黙を破りて撃ちし砲台を豈《なに》な咎《とが》めそ後《のち》の世の人
（筆者詠）

さて、栗林兵団長の戦法を遂行するために全島を洞窟《どうくつ》陣地化した訳であるが、それは地獄の苦しみであつたといふ。二酸化硫黄が充満する中、防毒マスクを着用して地下壕を掘り、それらは深さ十メートルから十五メートルの地下道により連係させた。道具は円匙《えんぴ》（スコップ）と十字鍬《つるはし》のみであつたといふ。そして、敵が上陸する昭和二十年二月までに、陣地、交通路、倉庫等を合はせて地下洞窟の延長は十八キロメートルに及んだのである。

　昭和二十年二月十六日から硫黄島への攻撃準備射撃が開始された。硫黄島全島を攻略するためには摺鉢山を完全に占領することが重要であるため、米軍は摺鉢山に対し、徹底的な艦砲射撃、爆撃を繰り返したのである。そして、上陸予定日の十九日未明からは各艦一斉に砲撃を開始し、その間隙《かんげき》[223]にB二十九爆撃機編隊による爆撃と艦上戦闘機による海岸地帯に対する猛烈な銃撃が続いた。米軍は、日本軍の陣地が壊滅《かいめつ》[224]したと判断し、百数十隻に及ぶ上陸用舟艇群が一斉に海岸に突入したのである。

　南海岸に上陸した米軍は、摺鉢山に対する攻撃を開始した。日本軍は洞窟陣地により必死の戦ひを続けたが、米軍は洞窟を閉塞《へいそく》[225]し、上部から削岩機《さくがんき》で竪坑《たてこう》[226]を穿《うが》[227]ち、そこからガソリンを注入して点火し、或いは、鉄板で出口を封じて、小穴から黄燐《おうりん》[228]を噴射して窒《ちっ》息《そく》させるなどの戦法を試みた。これにより、多くの将兵が洞窟内で焼死・窒息したのである。二月二十二日午前、米兵が摺鉢山山頂に星条旗を立てたが、我が日本軍の残兵は突撃してこれを倒し数時間に亘り激闘したが、遂に悉《ことごと》く斃《たお》れ、摺鉢山の攻防戦は終はつたのである。

島中の岩とふ岩に残りたる敵弾の痕見ればば虚しき
賜はれる九段桜の一枝《ひとえ》をば抱《いだ》きて数多《あまた》の洞窟巡る
如何ばかり水を欲りけむ灼熱の地下を巡ればば胸塞《ふた》がりぬ
焼かれたる洞窟の中に鳥の巣のありて命の育ちゐるかな（イソヒヨドリ）

（筆者詠）

当初の硫黄島攻略計画では、米軍は全島を五日間で占領する予定であつたが、摺鉢山を占領するだけで五日間を要し、その後、日本軍の三段構への決死の抵抗に多大な損害を蒙《こうむ》るのであつた。三月に入つてからも激闘は続いたが、先に記した「日米両軍の相対戦闘力」からも解るやうに、圧倒的な兵力・火力の差は如何ともし難く、左の電報を最後に、三月二十六日、栗林兵団長、市丸海軍部隊指揮官は反撃部隊の先頭に立ち、総攻撃を敢行、玉砕《ぎょくさい》[229]したのである。

「今や弾丸尽き、水涸《か》れ、全員反撃し最後の敢闘を行はんとするに当り、つくづく皇恩を思ひ、粉骨砕身《ふんこつさいしん》[230]するもまた悔いず。とくに本島を奪還《だっかん》せざる限り、皇土《こうど》[231]永遠に安からざるに思ひ至り、たとひ魂魄《こんぱく》[232]となるも誓って皇軍の捲土重来《けんどちょうらい》[233]の魁《さきがけ》[234]たらんことを期す」

栗林中将遺詠

国の為重き任務《つとめ》を果し得で矢弾《やだま》尽き果て散るぞ悲しき

仇《あだ》討たで野辺《のべ》には朽《く》ちじ吾は又七度生れて矛《ほこ》を執らむぞ

総攻撃、玉砕の後もなほ島内各地の洞窟に立て籠つてゐた将兵は、米軍に対する遊撃戦闘を継続すること三ケ月に及び、遂に硫黄島の戦ひは終はつたのである。

島には未だ一万一千人（令和四年・厚生労働省）もの日本陸海軍将兵の遺骨が残されたままになつてゐる。硫黄島協会が戦歿者の慰霊と遺骨収集活動を続けてはゐるが、硫黄島戦の事実は、今や国民の記憶から遠ざかりつつあるのではないだらうか。

しかし、圧倒的に優勢な敵の上陸侵攻に対し、飲水の不足と摂氏五〇度以上の地熱に耐へながら、祖国防衛のために苛酷《かこく》な戦闘条件の中で日本陸海軍将兵が凄絶な戦闘を遂行したといふこの事実を我々は決して忘れてはならないのだ。

（平成二十一年三月『もののふ』）

激戦の島をたづねていよいよに感謝の思ひ募りゆくなり
二万一千九百二十五柱の御霊《みたま》は今も島にましきます

（筆者歌集『御楯の露』より）

第十章　八月十五日の靖國神社参拝

「戦犯」などといふものは存在しない

戦後の極東国際軍事裁判（通称「東京裁判」）での不当な審理《しんり》による冤罪《えんざい》[235]や復讐心《ふくしゅうしん》による刑戮《けいりく》[236]の事実を私たちは知るべきである。

抑々《そもそも》、極東国際軍事裁判所に於て日本人被告をA級戦犯として断罪するために起訴した訴因《そいん》が、国際法のどこにも記載されてゐない「平和に対する罪」「人道に対する罪」であつた。これらは、罪刑法定主義[237]に違背《いはい》した「事後法」であり、裁判を成立させる法的根拠となり得ないものなのである。つまり、裁判として成立しない裁判によつて有罪判決を宣告された二十五名の政府高官や高級軍人は冤罪《えんざい》を蒙《こうむ》つた訳なのである。そして、当然のことではあるが、平和条約が発効し、国家の主権が恢復《かいふく》した後、日本政府は立法府の議決に基づいてこの人々を犯罪人と見做《みな》してゐないのである。「戦争犯罪人（戦犯）」などといふ言葉は飽くまで敵国から見ての呼称であり、敵国の復讐裁判により有罪と判決された人々は、国内法に基づいての罪人などではないと国が確定してゐるのである。

戦犯ではなくて昭和殉難者

靖國神社第六代宮司に就任した松平永芳《まつだいらながよし》氏によつて、昭和五十三年十月、秋の例大祭前夜の霊璽奉安祭《れいじほうあんさい》（第百六回合祀《ごうし》の儀）に於て、巣鴨《すがも》で刑死を遂げられた東条英機《とうじょうひでき》（陸軍大将・元首相）、板垣征四郎《いたがきせいしろう》（陸軍大将）、土肥原賢二《どいはらけんじ》（陸軍大将）、松井石根《まついいわね》（陸軍大将）、木村兵太郎《きむらへいたろう》（陸軍大将）、武藤章《むとうあきら》（陸軍中将）、広田弘毅《ひろたこうき》（元首相）の七名、未決拘禁中病死の松岡洋右《まつおかようすけ》（元外務大臣）、永野修身《ながのおさみ》（海軍大将・元帥）の二名、結審後の受刑中に死亡した白鳥敏夫《しらとりとしお》（政治家）、東郷茂徳《とうごうしげのり》（終戦時外務大臣）、小磯国昭《こいそくにあき》（陸軍大将）、平沼騏一郎《ひらぬまきいちろう》（元首相）、梅津美治郎《うめづよしじろう》（陸軍大将）の五名、計十四名の殉難者[238]の御霊が、晴れて御祭神《ごさいじん》として合祀《ごうし》された。松平宮司は、この法務死を遂げられた方々を、戦闘での戦死者（戦歿者）と区別する意味に於て「昭和殉難者」と表現することを神社職員に通達し、その徹底を図つたといふ。

翌年四月になつて、マスコミはこれを「A級戦犯（戦争犯罪人）の合祀[239]」であると報道したが、時の総理大臣大平正芳《おおひらまさよし》氏は、その直後の春の例大祭前夜祭清祓《きよはらい》の日に昇殿《しょうでん》参拝し、また、この年の八月十五日、秋の例大祭、そして、翌年の春の例大祭にも参拝してゐる。大平首相が謹厳《きんげん》な基督《きりすと》教徒でありながら、その宗旨を越えて殉国《じゅんこく》の英霊に敬《けい》虔《けん》[240]な祈りを捧げたといふこともまた大切な事実である。

回廊から望む靖國神社本殿

靖國神社には国家に殉じた英霊が祀られてゐる。何度も繰り返すが、大東亜戦争に於ける所謂《いわゆる》「戦犯」とは、敗戦後の占領下に於て戦勝国（敵国）による不当な復讐裁判により一方的に「戦争犯罪人」と断ぜられたものであり、靖國神社の御祭神二百四十六万余柱の中には、戦争犯罪人など御一方もいらつしやらないのである。今もなほ、東京裁判で刑殺された東条英機以下七人の昭和殉難者を占領軍が定義した通りの「戦犯」だとする謬《びゅう》見《けん》[241]が蔓延《はびこ》つてゐるが、私たちは、東京裁判での不当な審理による冤罪や復讐心による刑戮の事実を理解した上で、「昭和殉難者」の御霊をお慰め申し上げたいものである。

中曽根首相の非礼

戦後の首相の靖國神社への参拝は、昭和二十年首相就任の東久邇宮稔彦王《ひがしくにのみやなるひこおう》（久邇宮朝《あさ》彦親王《ひこしんのう》の第九王子。二十二年に皇籍離脱）が、終戦直後の八月十八日に参拝されて以降、幣《しで》原《はら》喜《き》重郎《じゅうろう》首相が二回参拝し、その後は、主権恢復《かいふく》後に、春秋の例大祭に参拝するのが定着してゐた。八月十五日に首相が参拝したのは三木武夫《みきたけお》首相が初めてであつたが、その時に「私人として参拝した」などと発言したために、公私の問題が取り沙汰《ざた》されるやうになつたのである。これを受けて、昭和六十年八月十五日、中曽根《なかそね》康弘《やすひろ》首相は、私人としてではなく、飽くまで公式に参拝することを強調したものの、憲法（第二十条「信教の自由、国の宗教活動の禁止」）に抵触[242]することを恐れ、あらうことか手水《てみず》[243]、修祓《しゅばつ》[244]を受けず、しかも玉串《たまぐし》[245]を奉ることなく、二拝二拍手一拝の作法をもせずに、本殿で一礼するだけの形をとつたのである。自衛隊に入隊したばかりの無学な十九歳の私でさへも、我が国の伝統である神道儀礼に則さないこのやうな参拝を許容することはできなかつた。そして、中曽根首相は、支那《しな》、朝鮮からの批難、恫喝《どうかつ》に屈して、翌六十一年の参拝を取り止めたのである。私は、これらの一連の非礼に対し激しい怒りを覚えた。現行憲法では自衛隊の最高指揮官とされる内閣総理大臣がこの体たらくでは何より英霊に申し訳がないと義《ぎ》憤《ふん》[246]に燃え、翌六十二年の八月十五日、我らこそが先づ殉国の英霊に感謝の誠を捧げむと、同志四名小なりと雖《いえど》も、国旗を捧持《ほうじ》[247]し隊を組みて社頭参拝した。これは、三等陸曹に任官したばかりの二十歳の青年の精一杯の意思表示でもあつた。そして、靖國神社に背を向け省みることのない中曽根首相の非礼をお詫び申し上げ、涙淵《るいえん》[248]に沈みつつ感謝の誠を捧げたのである。

昭和六十二年八月十五日の部隊参拝

昭和六十二年八月十五日、私たちは当然の礼式として制服を着用し、国旗を捧持《ほうじ》して靖國神社に参拝した。ところが、帰隊すると部隊は大騒ぎで、すぐさま連隊長と面談することになつてゐた。連隊長の許には、上級部隊をはじめ各方面から、「制服で靖國神社に参拝するとは何事だ。怪《け》しからん」といふ批難の声が次々と寄せられてゐたさうだ。連隊長は、制服を着用して靖國神社に参拝することを咎《とが》めはしなかつたが、マスコミに取り上げられて部隊（自衛隊）が非難の対象となることを案じてゐるやうだつた。何《いず》れにしても、上官・同僚の殆《ほとん》どは我々の部隊参拝（隊伍堂々たる参拝）を快く思つてゐなかつたやうだ。彼らが我々を非難する根拠はやはり「東京裁判史観」であり、高度な教育を受けてきた筈の幹部たちが、挙《こぞ》つて声を荒らげ、「A級戦犯が祀られてる神社に参拝するなんてとんでもないことだ」と激しく私を非難し、また、「旧軍がどれだけ悪いことをしたのか知らないのか」「もつと勉強しなきや駄目だぞ。旧軍の南京大虐殺は……」

昭和六十二年八月十五日、第一回靖國神社部隊参拝
中央の国旗を捧持する隊員が著者

などと真《まこと》しやかに語る姿は、実に哀れなものであつた。私は、反論しても無駄であることを悟り、「勉強しなきやいけないのはお前らの方だ」と言ひ捨て、居室で独り暗涙《あんるい》[249]に咽《むせ》ぶのだつた。そして、私は、屡々《しばしば》「幹部室」の標札《ひょうさつ》の「幹」の字の上に「患」の字を貼り付け「患部室」としてゐた。私の小さな平和的抵抗でもあつた。とまれ、これが東京裁判史観に支配された昭和六十年代の自衛官の実態なのである。

不見識な上官の妨碍工作

靖國神社への参拝は少年期から欠かさぬものであり、単身ではあるが、春秋の例大祭は勿論、自衛隊入隊時やレンジャー訓練修了、昇任などの自らの節目には必ず奉告参拝をしてゐたが、やはり、終戦の詔勅《しょうちょく》を一般国民が拝した八月十五日こそ英霊を慰霊顕彰するに相応《ふさわ》しい日であるとの思ひに至り、爾来《じらい》[250]毎年同志を募り隊伍を組んで参進し、一つの部隊として参拝するのを例とした。私が所属する部隊の隊員たちは本より、首都圏に所在する各部隊の隊員たちにも呼び掛けたが、依然《いぜん》として自虐史観にどっぷり浸かった上官は各部隊に蔓延《はびこ》ってをり、参拝しようとする隊員に、「靖國神社に行ったら昇任できなくなるぞ」「お前が行くことで皆が迷惑するんだからな」などと恫喝《どうかつ》[251]して、参拝を阻止しようとするのである。かうして、殉国の英霊に感謝申し上げようと参拝を決意した隊員たちの心が挫《くじ》かれていったのである。反日自虐的な教育を受けてきた若者が自ら正しい歴史を学び、祖国の為に命を捧げられた英霊に感謝申し上げたいと心から願ひ、靖國神社に参拝しようと思ってゐても、隊長室に一人呼び出されて、「靖國神社に参拝したら人事に不利益を被《こうむ》るぞ」などと脅《おど》されたら、大概《たいがい》の者は逡巡《しゅんじゅん》[252]し、つひに挫けてしまふだらう。斯様《かよう》な酷い仕打ちを受けた隊員は後を絶たない。これは、憲法が保障する第二十条「信教の自由」を犯す暴挙であり、明らかなる憲法違反である。私は、各部隊長をはじめとする上官が、隊員の靖國神社参拝を阻止せむと恫喝した言動の全てを記録してある。心当たりのある者は、首を洗つて待つてゐるがよい。

制服を着用しないといふ選択肢はない

先に述べたやうに、不見識な上官たちが、靖國神社に参拝すること自体を「悪」と捉へてゐるのも事実だが、我々が制服を着用して行くことに過剰《かじょう》に反応し、それを何とか阻止しようとする空気があることもまた迷惑な事実である。では、どうして制服を着て外出することを回避させようとするのだらうか。

朝鮮戦争勃発直後の昭和二十五年、ポツダム政令により「警察予備隊」が創設された。そして、昭和二十七年、保安庁法の制定により、これまでの警察予備隊を第一幕僚監《ばくりょうかん》部《ぶ》のもとに改編した陸上部隊「保安隊」（当初約一〇八、〇〇〇人）が発足《ほっそく》したのである。同法では、海上部隊は「警備隊」（一一七隻三〇、五〇〇トンを保有）と称され、それまで海上保安庁の所属であつたものが、新たに保安庁の第二幕僚監部のもとに編入されたのである。その後、昭和二十九年七月に「保安隊」は陸上自衛隊に、「警備隊」は海上自衛隊に再改編され、新たに航空自衛隊を設立して、陸上・海上・航空の三自衛隊が発足し、警察的機能から軍事的機能へと移行したのである。

自衛隊の発足から間もなく、昭和三十四年から三十五年にかけて、日米安全保障条約改定反対の闘争（安保闘争）が全国的に展開され、取り分け三十五年五月の自民党単独強行採決に対して闘争は戦後最大の規模に発展し、また、昭和四十五年にも条約の延長をめぐつて反対運動が激化したといふ。当時を知る先達《せんだつ》[253]の話によると、反対派による自衛隊施設への襲撃や市中での自衛官に対する投石・暴行なども予想されたため、各部隊は、隊員の安全を確保するため、制服を着て外出しないやうに指導してゐたやうだ。さう言へば、私が入隊した昭和六十年当時、部隊には制服で外出させない慣習が根付いてゐた。

このやうな経緯があつて、隊員が外出する際には、制服を「着用しない」「着用させない」といふ雰囲気が定着したのかもしれない。しかし、肝腎《かんじん》なのは隊員の心である。「たとひ過激派に襲撃されようとも、返り討ちにしてやる」くらゐの大気魄《だいきはく》をもつて、堂々と制服姿で市中を闊歩《かっぽ》[254]すべきなのである。

さて、嘗ての安保闘争の影響による制服離れとは別に、隊員自身が制服を着て外出することを好まない風潮は、一体何に起因してゐるのだらうか。私は、それこそが最も重大な問題なのだと考へる。自衛官が制服を着たがらないその理由は、自衛官としての自覚と誇りの欠如に他ならない。今はまだ、我が民族の伝統に則さぬアメリカ製の自衛隊の儘《まま》であり、憲法にさへ明記されてゐない存在ではあるが、飽くまで、断乎として我々は皇御軍《すめらみいくさ》[255]の軍士《いくさびと》としての自覚に基づき、堂々と制服を着用すべきである。制服を着用しないといふ選択肢《せんたくし》などない。

制服の着用は規則で定められてゐる

「自衛官服装規則」の第六条（制服等の着用）第一項に「自衛官は、この訓令の定めるところに従ひ、常時制服等を着用しなければならない。ただし、次の各号に掲げる場合には、制服等を着用しないことができる」とあり、常に制服を着用することが義務づけられてゐる。なほ、「制服等」とは「自衛官の制服及び徽章《きしょう》[256]等」のことで、「訓令」といふのは、この「自衛官服装規則（昭和三十二年防衛庁訓令第四号）」を指す。また、制服等を着用しないことができるのは「次の各号に掲げる場合」として六つ掲げてゐるが、要は、勤務してゐないときは自衛隊の施設内にゐても施設外にゐても制服を着用しなくてもよいといふのである。また、警務、情報、募集等の職務に従事する自衛官が、その職務を遂行するために必要とする場合、医科幹部候補生等の自衛官が、実地修練や研修等を受けるに当たり、制服を着用しないことを適当とする場合、官房長又は部隊等の長がやむを得ない特別な理由があると認めた場合は、制服を着用しないことができるといふのである。繰り返しになるが、「自衛官服装規則」第六条により、自衛官は常時制服を着用することを義務づけられてゐる。例外として右のやうな「着用しないことができる場合」もあるが、飽くまで制服着用が原則であり、場合によつては「制服等を着用しないことができる」だけなのである。これを、「制服を着用してはならない」と解釈してゐる輩が少なくないのは由々しき問題である。

現職自衛官による八月十五日の靖國神社部隊参拝

昭和六十二年以来、自衛隊の有志を募《つの》り八月十五日に靖國神社に参拝をしてゐるが、その初めは僅《わず》か四名であつた。先に述べたやうに、参拝を阻止しようとする上官の恫喝《どうかつ》により、参拝を念願する隊員たちの心が挫かれ、独りで参拝することもあつたが、三十年も続けてゐると、次第に魂合《たまあ》ふ友も増え、近年は八十名を越える現職自衛官とその家族、そして御縁深き民間有志と共に参拝してゐる。毎年全国の部隊、有志隊員に案内状を送つてゐるが、その一つを古いものではあるが紹介させて戴きたい。そして、読者の皆さん、取り分け現職自衛官の諸君には、毎年継続してゐる「現職自衛官による八月十五日の靖國神社部隊参拝」の趣意を理解して戴き、御賛同を願ふ次第である。

八月十五日にこそ同志相集ひて靖國神社に参るべし

本状は、戦後七十年目の本年八月十五日に、我々自衛官が東京九段坂上に相集ひ、彼の聖戦たる大東亜戦争において祖国の為に散華《さんげ》された英霊の鎮《しず》まり坐《ま》す靖國神社に参拝することを懇請《こんせい》するもので御座います。

国防に任ずる我々自衛官が、国難に殉ぜられた先人たちに感謝の誠を捧げて、その御遺志を継承しようとするのは当然の態《すがた》でありませう。而《しこう》して、我々は自衛官としての自覚に基づき、また、英霊たちの後継として、正気堂々制服を着用して靖國神社に参拝すべきではないでせうか。殊に、終戦七十周年といふ節目の年である本年八月十五日には、一人でも多くの自衛官が結集し、英霊への感謝と慰霊顕彰の祈りを籠めて参拝されることを祈るばかりで御座います。

　この年のこの日にもまた靖國のみやしろのことにうれひはふかし

　右の先帝《せんてい》陛下の御製は、嘗《かつ》て中曽根康弘首相が中共の恫喝に屈して靖國神社参拝を中止したときにお詠みになられたもので御座います。「この年のこの日」とは、昭和六十一年八月十五日、即《すなわ》ち中曽根首相が参拝を中止した日でありますが、このことを先帝陛下は「うれひはふかし」と御慨嘆《ごがいたん》遊ばされたので御座います。この無限の御憂念《ごゆうねん》を拝し、何を措《お》いても首相の靖國神社参拝を一刻も早く復活して戴かなくてはと切に思ふので御座います。

　やすらけき世を祈りしもいまだならずくやしくもあるかきざしみゆれど

昭和六十三年八月十五日、全国戦歿者《せんぼつしゃ》追悼式に御臨席《ごりんせき》遊ばされた折の御製で御座いますが、実に先帝陛下崩御五ケ月前の御製であることを特筆したう存じます。「くやしくもあるか」といふ烈《はげ》しい御言葉は、厳しい御自責であるとともに政府為政者に対する御叱責《ごしっせき》、御抗議に他ならないと拝し、唯々申し訳なく思ふばかりで御座います。斯かる大御心を拝すれば、一刻も早く首相の靖國神社参拝を再開、恒例《こうれい》化し、謹《つつし》んで天皇陛下の御親拝《ごしんぱい》を賜りたく思ふので御座います。そのためにも、内閣総理大臣には、本年八月十五日に、先づ日本国民を代表して靖國神社に参拝され、自《じ》虐《ぎゃく》史観に基づく「河野・村山談話」を撤廃して、真実の歴史観に基づく「首相談話」を発表されることを期待したいと存じます。

偖《さて》、諸賢《しょけん》は、昨年の八月十五日をどのやうに過ごされたでせうか。休暇中であるからといつて、日本人としての務めを放棄し、行楽《こうらく》を優先してしまはれたのではないでせうか。縦《よ》しんばさうであつたならば、茲《ここ》に於て過去の過ちを猛省《もうせい》し、本年こそ共に靖國神社にまゐらうではありませんか。

また、諸賢の中には、密かに思ひを抱きながらも遂に参拝を果たせなかつた方がいらつしやるかもしれません。依然として自衛隊内に、隊員の靖國神社参拝を快く思はぬ風潮があることは、諸賢のよく知るところであります。特に、制服を着用して参拝しようとする隊員の行く手を阻む向きさへ感じられます。しかし、我々は斯かる不当な弾圧に屈することなく、堂々と制服を着用して参拝しようではありませんか。自衛隊服務規則にも、「自衛官は、常時制服等を着用しなければならない」「自衛官は、通常、常装《じょうそう》をするものとする」などと謳《うた》はれてゐます。何憚《はばか》ることなく堂々と自衛官らしく制服で参拝すべきなのです。何よりも英霊たちがお歓《よろこ》びになるのではないでせうか。

また、毎年単身でまゐられる方も少なくないと思ひますが、本年は終戦七十周年といふ節目の年でも御座いますゆゑ、齢《よわい》の長短、男女の別、階級の高低、陸海空の壁を超越し、大同団結して相集ひ、共にまゐらうではありませんか。

昨年、特別勤務等により参拝が叶はなかつた方は、御自身のお志を上司にお伝へして、当日参拝できるやう配慮して戴いたら如何でせうか。お志を遂げるためには事前の準備・調整が必要なので御座います。

本年八月十五日、正気堂々たる制服の陸海空自衛官が靖國神社の境内に溢れむことを念願して止みません。諸賢の御勇断をひたすら祈るばかりで御座います。

誠に恐れ入りますが、人数掌握《しょうあく》のため、御賛同戴けます方は、参拝前日の八月十四日までに左記「問合せ先」に御連絡下さいますやうお願ひ申し上げます。

※註　文中の「先帝陛下」は昭和天皇

（平成二十七年六月『言靈』号外）

自衛隊の中にも依然として東京裁判史観が蔓延《はびこ》つてゐることは既に述べた。そして、それがゆゑに、戦犯が祀られてゐる靖國神社には参拝すべきではないといふ謬見《びゅうけん》が横行してゐるのも事実である。また、嘗ての安保闘争への対応として隊員に制服を着用させなかつた弊害《へいがい》として、今日それが慣習化してゐることもまた事実である。或いは、隊員が制服を着ることを好まないのは、自衛官としての自覚が欠如してゐるからだといふことも判つた。だが、そのやうな現状であらうとも決して諦めることなく、我々は正しい歴史を学び、御国の為に尊い命を捧げられた英霊に心から感謝を申し上げ、奉慰顕彰《ほういけんしょう》の祈りを捧げ奉るべきなのである。

（令和二年　部隊内に掲示・配付）

第十一章

靖國神社の早朝清掃奉仕

有志隊員を募つて「みたま奉仕會《ほうしかい》」といふ会を発足し、靖國神社の早朝清掃奉仕を始めたのは平成十一年三月のことである。爾来《じらい》二十三年余、月に一回の御奉仕を重ね、本書編輯《へんしゅう》中の令和四年十二月に三百回を迎へた。この章では、私たちが毎月実施してゐる「靖國神社清掃奉仕」について読者の皆さんに知つて戴き、軍民問はず多くの賛同を得たいと念願するものである。

左に、「みたま奉仕會」の発足趣意書及び規約、そして、活動開始から三年を過ぎた頃の一文『国防の基は英霊奉慰顕彰にあり』を掲載し、奉仕活動の概要を御理解戴く助けとしたい。

「みたま奉仕會」の発足趣意書と規約

発足趣意書

戦後占領政策により靖國神社が一宗教法人とされ、国家との関はりを一切断たれたにも拘はらず、歴代宮司をはじめとされる神職・職員諸氏の御尽力により御祭《みまつり》の焔《ほむら》が絶ゆることなく今日まで護られてきた御事《おんこと》に、我等自衛隊有志一同衷心《ちゅうしん》より感謝申し上げる次第に御座います。

然《しか》るに、国難に殉ぜられた御祭神とその使命を等しくする我等自衛官こそがひときは報謝の心を尽くし英霊奉慰顕彰の祈りを捧ぐべきでありますのに、今日もなほ占領史観その儘に、靖國神社に参拝することを悪事・失徳と見做《みな》す風潮が自衛隊内に存在し、また、それに何の疑問も抱かず、或いは無関心なる自衛官が蔓延《はびこ》る現実をいとも口惜しく、洵《まこと》に申し訳なく思ふ次第に御座います。

而《しこう》して、斯様《かよう》なる現状の中で、この度、靖國神社御創建百三十周年の佳《よ》き節目《ふしめ》を好機と捉へ、有志自衛官による「みたま奉仕會」を発足し、細《ささ》やか乍《なが》ら御奉仕をさせて戴きたく謹みて御願ひ申し上げる次第に御座います。具体的には、一月に一回を基準として早朝清掃奉仕をさせて戴きたく、また、その奉仕内容に関しましては、御社の御意向に添ふべく対応してまゐりますゆゑ、御指導の程宜しく御願ひ申し上げます。

この奉仕活動を将来に亘つて決して断絶させることなく愈々《いよいよ》発展せしめ、御祭神と我等自衛官の精神的結合を確実なるものにしてゆきたく存じ上げます。而して、我等自衛官の正しき国防意識を益々昂揚《こうよう》せしめ、一朝事ある秋に真の戦闘力を最大限に発揮し得るやう、御祭神の御加護を賜はりその基礎を据《す》ゑたく存じ上げます。

平成十一年三月十日

発起人　原口　正雄

規　約

一　本会の名称を「みたま奉仕會」とする。

一　純然たる敬神尊皇の日本精神に基づき、殉国の英霊を慰霊顕彰するを以て目的とする。

一　皇国武人、草莽《そうもう》有志交流の場とし、全て会員によつて組織する。

一　毎月一回、靖國神社境内の清掃奉仕を実施する。

一　昇殿参拝にあたり、玉串料として各人金千円を献納する。

国防の基は英霊奉慰顕彰にあり

平成十一年の歳旦《さいたん》を迎へて、天皇陛下御即位十年を寿《ことほ》ぎ奉るとともに、この目出度き御年に、臣子《しんし》として大御代《おおみよ》にお役に立てる何か新たなる活動を自衛隊有志で始めたいと思ひ、彼是《あれこれ》考へをめぐらせてゐた。この年は、恰《あたか》も靖國神社御創建百三十年といふ記念すべき年でもあつた。そこで、大御代を体《たい》し奉り、靖國神社の御祭神に坐《ま》します殉国の英霊を奉慰《ほうい》顕彰《けんしょう》するといふ趣意のもとに、長年の念願でもあつた「靖國神社清掃奉仕」を旗揚げすることにしたのである。

靖國神社は明治天皇の思《おぼ》し召《め》しにより御創建《ごそうけん》された御社《おやしろ》であり、明治七年、明治陛下が例大祭に行幸・御親拝《ごしんぱい》あらせられた折に賜はつた御製、

我国の為《ため》をつくせる人々の名もむさし野にとむる玉垣《たまがき》

に拝し奉る大御心の随に御祭の燈《ひ》が今日まで絶ゆることなく、その祭祀が厳修されてゐることを心から有難く思ふのである。そして、明治陛下の畏き御心を、大正天皇、そして、昭和天皇は余す所なく承け継ぎ給ひ、靖國神社が一宗教法人となつてしまつた今日の祭祀も、将に今上陛下の大御心により執り行なはれてゐるといふ歴然たる事実を唯々《ただただ》恐れ畏むばかりである。

大御心を奉戴《ほうたい》し、殉国の英霊に対し奉り鎮魂と報謝の祈りを捧げるため、斯くして「みたま奉仕會」を隊内に発足させ、有志五名を以て早朝清掃奉仕を始めたのである。当初、

我ら有志一同の所属する部隊が靖國神社から程近い市ケ谷駐屯地に在《あ》つたことから、専ら平日の早朝に御奉仕申し上げた。午前六時から一時間程の短い時間ではあつたが、一同心魂《しんこん》を傾けて仕《つか》へ奉《まつ》つた。そして、御奉仕を終へて帰隊後程なく迎へる「国旗掲揚」に於て、国歌の奏《かな》でる中大空高く掲揚される国の御旗を仰ぎ見る時、ひときは皇国守護の真使命を深く噛《か》み締《し》め思ふのであつた。

月に一回実施することを約して始めたこの清掃奉仕活動も、英霊奉慰顕彰の念《おも》ひが募るにつれ、何時《いつ》の頃からか回数が増し、訓練に支障のない範囲で可能な限り行はれるやうになつていつた。その当時立川市内に居住してゐた自分は、心踊る思ひで屡々《しばしば》始発電車に乗り込み九段に向かつたものである。

午前六時の神門《しんもん》開門を合図に、先づは宮城《きゅうじょう》を遥拝《ようはい》する。をはつて、隊伍《たいご》を組んで参進し、拝殿前《はいでんまえ》に至つて整列参拝を実施した後に清掃を開始するのが常例《じょうれい》である。回を重ねる毎《ごと》に、参拝者と親しく挨拶を交はすやうになり、これもまた楽しみの一つとなつた。また、毎朝境内を通つて登校する学童が、きちんと一礼してゆく姿は実に微笑ましいものであり、鳥居の前で深々とお辞儀をして、はにかみながら私たちに挨拶してくれる女子高校生なども、誠に有難い存在であつた。

靖國神社の参道を掃く隊員たち

平成十一年歳末、皇居防衛の重要任務を悉《ことごと》く無視した防衛庁の移転計画に伴ひ、私たちの所属する普通科連隊は、埼玉県下の大宮駐屯地に移駐し、事実上平日の奉仕は不可能となつたが、休日の半日乃至《ないし》終日を以て奉仕を継続しようといふことに落着し、現在に至つてゐる。先述のやうに、平日訓練前の奉仕にはそれなりのよさもあつたが、休日の場合は、先づ以て時間にゆとりがあり、じつくり取り組めるので有難い。特に桜の散る頃や、落ち葉の季節などは、奉仕作業は難航して一日懸かりになるため、時間に捕らはれず腰を入れて奉仕できる休日の方が寧《むし》ろよいのかも知れない。

実際に境内《けいだい》を綺麗にするといふ点からすれば、毎回必ずしも納得のゆく成果を挙げてゐるとは思へない。併《しか》し、月に一度ではあるが、国の為に命を捧げられた方々に想ひを馳《は》せながら、魂を籠めてひと掃《は》きひと掃き御奉仕申し上げる時、自づから滅私報国《めっしほうこく》の思ひがふつふつと湧き上がるのである。

自衛隊の有志で始めたこの清掃奉仕も、今年十月で六十二回になるが、その間、多くの隊員が参加してくれた。記録を基にこれまでの参加者を数へてみると、平成十一年三月から延べ二百四十九名の隊員が奉仕してゐる。一度きりの隊員も相当数ゐるが、参道を掃き清めながら何かを感じてくれたと信じたい。海上婦人自衛官の有志も横須賀から通つて来てくれた。一月か二月の寒い頃だつたと記憶してゐるが、彼女と共に一心不乱に参道を水拭きしたことも、今では懐かしい思ひ出である。また、残念でならないのは、発足当初から二年以上も献身的に奉仕してくれた仲間の姿が、近頃社頭に見られないことである。自分の不徳の致すところによらうが、正直言つて虚しくなることもある。昨今の清掃奉仕は、自分一人のことが多いが、軈《やが》てまた彼らと共に、新しい仲間を加へて境内を掃き清めることができると信じてゐる。怠《おこた》らず、逸《はや》らず、焦《あせ》らず、黙々《もくもく》と続けてゆきたい。

一朝事ある秋に真の戦闘力を最大限に発揮するため、全自衛官は、健全なる国防の精神基盤を確立させなければならない。先づは、九段坂上の靖國神社に向かひ、国のために献身奉公された英霊の御前《みまえ》に額《ぬか》づき、その忠烈なる精神を継承することが、緊急且《か》つ必要なことなのである。

仇波《あだなみ》の寄らばみ国《くに》の防人《さきもり》は神習《かむなら》ひてぞ立ちてゆくべき

（平成十四年『なのりそ』第五号）

熱きものこみあげきたりぬ新たなる友のひた掃く姿見ゆれば

（筆者歌集『御楯の露』より）

「みたま奉仕會」の主宰は飽くまで軍人たるべし

定年退官を一週間後に控へた令和三年五月八日、現職自衛官として最後の御奉仕を了《お》へ、その日清掃奉仕に参加した方々と共に英霊奉慰顕彰の祈りを捧げた。

平成十一年に「みたま奉仕會」を発足して以来二十二年余、代表として会を主宰《しゅさい》してきたが、軍籍《ぐんせき》を離れるに当たりその職を辞することを決した。「規約」にある通り、会は「皇国武人、草莽有志交流の場」ではあるが、飽くまで会の主導が現職自衛官でなければ、活動の意義を欠くことになるからである。私は、みたま奉仕會発足の趣意を熟々《つらつら》顧《かえり》み、この奉仕活動を将来に亘って決して断絶させることなく愈々《いよいよ》発展せしめ、御祭神である殉国の英霊と御国を守る自衛官との精神の結びを確かなるものにすべく、心頼みなる後輩たちに総《すべ》てを託しみたま奉仕會代表の職を辞することとしたのである。英霊の御前にその旨を告げ奉り、この先も多くの自衛官とその縁の人たちがここに集ひ、英霊奉慰顕彰の心を尽くして御奉仕することを誓ひ奉ったのである。

左は、奉告参拝の際に奏上《そうじょう》した祭文《さいもん》である。

自衛隊定年退官奉告参拝　祭文

青葉繁《しげ》れる百敷《ももしき》の都の最中《もなか》、比《これ》の九段の御社《みやしろ》に鎮《しずま》り坐《ま》す、掛けまくも畏き二百四十六万六千余柱の厳《いず》の御霊《みたま》の御前《みまえ》に、みたま奉仕會代表原口正雄謹《つつし》み敬《いやま》ひ畏み畏みも白《もう》さく。数多《あまた》の御霊等《みたまたち》はや過ぐる大御戦《おおみいくさ》に召《め》され給ひ出征し給ひ、海行かば水漬《みず》く屍山行かば草生《む》す屍大君の辺にこそ死なめと、戦の場に出で立ち給ひ、海に山に空に大君の醜《しこ》の御楯と玉極《たまきわ》る生命《いのち》の限りを戦ひ給ひつるが、あはれ若桜春の嵐に散り敷くが如く、雄雄しくも天皇命弥栄《すめらみこといやさか》を念じつつ我が大君の辺に生命捧げ給ひし事こそ畏き限りなりけれ。然《さ》れ

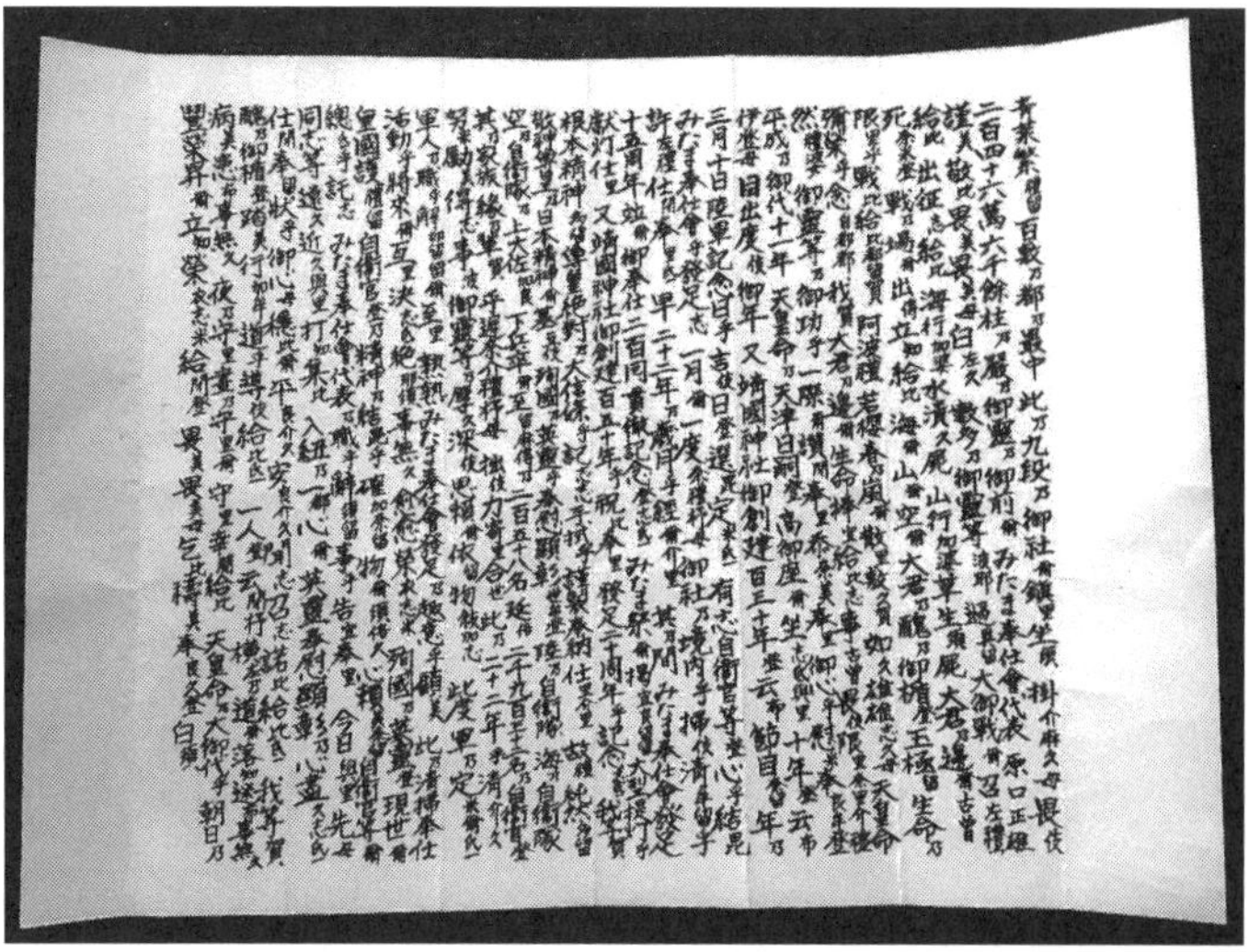

著者自筆の祭文

ば御霊等の御功を一際に讃《たた》へ奉り忝《かたじけ》なみ奉り御心を慰《なぐさ》め奉《まつ》らむと、平成の御代《みよ》十一年天皇命《すめらみこと》の天津日嗣《あまつひつぎ》と高御座《たかみくら》に坐《ま》してより十年と云ふいとも目出度き御年《みとし》、又靖國神社御創建百三十年と云ふ節目なる年の三月十日陸軍記念日を吉き日と選び定めて、有志自衛官等と心を結びみたま奉仕會を発足し、一月に一度なれども御社の境内を掃き清むるを許され、仕へ奉りて早二十二年の歳月《としつき》を経にけり。其《そ》の間《かん》みたま奉仕會発足十五周年並《ならび》に御奉仕貫徹二百回記念として、みたま祭《まつり》に掲《かか》げらる大型提灯を献灯《けんとう》仕り、又、靖國神社御創建百五十年を祝ひ奉ると共に発足二十周年を記念して、我等が根本精神たる尊皇絶対の大信条を記しし手拭を謹製奉納仕《きんせいほうのうつかまつ》りけり。故《か》れ純然たる敬神尊皇の日本精神に基づき殉国の英霊を奉慰顕彰せむと、陸の自衛官海の自衛官空の自衛官の上大佐から下兵卒に至るまでの二百五十八名、延べ二千九百三十二名の自衛官と其の家族縁の輩が、をぢなけれども拙《つたな》き力寄り合せ此の二十二年を清《さや》けく努め励み得し事は、御霊等の厚く深き恩頼《みたまのふゆ》に依るものぞかし。比度《こたび》軍の定めにて軍人の職を解《と》かるるに至り、熟熟《つらつら》みたま奉仕會発足の趣意を顧み、比の清掃奉仕活動を将来に亘《わた》り決して絶やす事なく愈愈《いよよ》栄えしめ、殉国の英霊と現世に皇国護れる自衛官との精神の結びを確かなるものにすべく、心頼みなる自衛官等に総てを託し、みたま奉仕會代表の職を辞する事を告げ奉り、今日より先も同志等遠く近くより打ち集ひ、入紐《いりひも》の一つ心に英霊奉慰顕彰の心尽くして仕へ奉る状を、御心も穏《おだ》ひに平《たい》らけく安《やす》らけく聞《きこ》し召《め》し諾《うべな》ひ給ひて、我等が醜《しこ》の御楯と踏み行かむ道を導き給ひて、一人といへど横さの道に落ち迷ふ事なく病み患《わずら》ふ事なく、夜の守り昼の守りに守り幸へ給ひ、天皇命《すめらみこと》の大御代を朝日の豊栄昇《とよさかのぼり》に立ち栄えしめ給へと、畏み畏みも乞ひ禱《の》み奉《まつ》らくと白《もう》す

第十二章　真に戦へる予備自衛官の育成

予備自衛官招集訓練の現況

平成八年、限られた防衛予算の無駄を省かうといふのであらうか、陸上自衛隊の定員が、十八万人から十六万人に大幅削減された。しかも、定員十六万人の内訳は、常備自衛官十四・五万人、即応予備自衛官一・五万人であり、実質は常備自衛官を三・五万人削減するといふものであつた。常識ある日本人ならば、有事に際して戦ふのには到底足らない数と思ふであらう。現憲法下では徴兵制《ちょうへいせい》[257]の施行など夢のまた夢であるから、何とかして有事の際に即時増員できるやう体制を整へたいところであつたが、当時、予備自衛官の数も減少傾向にあり、人員の確保が困難であつた。そこで、何とか有事に備へるための苦肉の策として、平成十三年に、「国民に広く自衛隊に接する機会を設け、防衛基盤の育成・拡大を図るとの視点に立つて、将来にわたり、予備自衛官の勢力を安定的に確保し、更に情報通信技術革命や自衛隊の役割の多様化等を受け、民間の優れた専門技能を有効に活用し得る」ことを目的とし、「予備自衛官補制度」が創設されたのである。

予備自衛官補制度とは、予備自衛官を志願する者を広く一般から募集し、一定の期間訓練を受けさせて予備自衛官にさせる制度である。通常の予備自衛官になるための「一

出頭した予備自衛官に精神教育をする著者

般公募」と、特殊な技術を有する者を採用するための「技能公募」がある。特殊な技能といふのは、例へば、語学能力、建築技能、医療技能などである。

従来の予備自衛官は、定年まで務め上げ予備自衛官を志願した者、また、曹・幹部として勤務してゐたが転職、その他の理由で中途退職したものの予備自衛官を志願した者、また、任期制隊員がその任期を満了して退職する際に予備自衛官を志願した場合のいづれかであつた。

毎年の予備自衛官招集訓練の訓練教官を担当し、また、全国から招集する中央予備自衛官招集訓練の教官も幾度となく担当してゐるので、予備自衛官招集訓練を取り巻く問題は把握してゐるつもりである。

嘗《かつ》ては、招集訓練に出頭しても体調不良を訴へて訓練を拒《こば》み、お目当ての実弾射撃だけ済ませて帰る者や、訓練中にトイレに行くと偽《いつわ》つて売店で買ひ物をしてゐたり、喫煙してゐたりとやりたい放題であつた。だから、訓練を担当する隊員の他に、予備自衛官が勝手にどこかに行つてしまはないやうに監視する隊員を常時配置するなど余計な配慮が必要であつた。昭和の暗黒時代に未だ若く血の気が多かつた私は、このやうな予備自衛官の不正を正さうと胸座《むなぐら》を掴《つか》んで罵声《ばせい》を浴びせ、結局取つ組み合ひの喧嘩《けんか》になる始末だつた。そして、国防意識の微塵《みじん》も感じられない予備自衛官に強く指導もせず、終始お客様扱ひする上官たちにも不満を募らせ、幾度となく爆発した。また、さうした低劣醜《ていれつしゅう》悪《あく》[258]な予備自衛官を首にせず、寧《むし》ろお願ひしてまで出頭させてゐる各都道府県の地方連絡部（現在の地方協力本部）にも腹を立てたものだが、元はといへば、大幅に定員を下げ、かうまでしないと人員を確保できない体制にした政治家に問題があるのだ。

私は、自分で訓練計画を立案できる立場になつてから、先づ、予備自衛官招集訓練のあるべき姿を追究すべく、他の部隊で実施された訓練の実績を調べることにした。予備自衛官招集訓練を担当したことのある各部隊の訓練計画を可能な限り蒐集《しゅうしゅう》[259]して覧《み》てみると、「市街地戦闘訓練」と銘打ち、その細目《さいもく》として「重要防護施設の警護要領」「検問要領」

「基本教練[260]」「武器・装備品の展示」「地図判読[261]訓練」などが組み込まれ、さも訓練内容が充実してゐるやうに見受けられるが、実際にこれらの訓練を受けた予備自衛官の所見《しょけん》（感想文）を閲読《えつどく》[262]し、また直接意見を聴取《ちょうしゅ》したところ、実際に訓練した内容は、どれも一回程度の体験に過ぎず、何となくその要領を把握したものの、実際に自分でその役割を担ふことはできないといふのが共通する所見であつた。年に一度、たつた五日間しか訓練できない予備自衛官に、多種多様な訓練を体験させ充実感を味はつて欲しいと願つてのことであらうか。しかし、結局、予備自衛官にとつては何一つ身になつてゐないのが現実である。

　有事の際、予備自衛官は、主に後方地域の警備やその業務支援に従事すると言はれてゐる。つまり、任務のために部隊が出動した後の駐屯地の警備にあたり、駐屯地の種々の業務を支援するのだ。当然、歩哨《ほしょう》[263]として警戒・監視任務に就くこともあるし、駐屯地内外を巡察《じゅんさつ》することもあるだらう。或いは、物資を輸送する業務に従事することもあるかもしれないし、必要により検問所に派遣され、身体検査や手荷物検査、車両点検などをすることもあるだらう。だから、彼らには、色々な場面で現職隊員に引けを取らない知識と技術を身に付けてもらはねばならないのである。だから、訓練を盛り沢山に詰め込んでしまふのではないだらうか。先にも述べたやうに、年に五日間限りの訓練の内、実質「職種訓練[264]」として必要な訓練を実施できるのは精々一・五日。しかも、予備自衛官にとつては、担当部隊が毎年異なり、また訓練内容も異なることから、訓練を継続的に積み重ねて練度《れんど》を向上させることは困難である。現実問題として、平素《へいそ》民間で働く人たちが五日連続で休みを取得して招集訓練に応ずるのは容易《たやす》いことではないやうだ。国民全体として国防意識が高揚し、業種を問はずあらゆる会社が、予備自衛官である社員を応援する体制を整へなければ、「真に戦へる予備自衛官の育成」などできないのではないだらうか。

翻《ひるがえ》つて、予備自衛官を志願する者は、現職自衛官同様、其《そ》れ相当の覚悟がなければならない。一朝事ある秋《とき》に命を懸けて戦ふ覚悟をもたなければならないといふことである。どのやうな任務であれ、有事ともなれば当然命の危険を伴ふ。そして、戦闘が長期化し、或いは戦況が不利になれば、個人の都合で戦線離脱することなどできないのである。だから、例へば、自分が出動した後、或いは万一命を落とした場合の子供の養育等もしつかりと考へ、銃後に憂ひなきやうしておくことが肝要《かんよう》である。予備自衛官は、飽くまで我国の防衛を支へる重要な戦力なのであるから。

重点項目「必殺」について

本来ならば、予備自衛官を種々の任務に適応できるやうに訓練し、その練度を維持しなければならないのだが、先に述べたやうに、それは現実として難しいやうだ。だから、私は、必須項目である「体力検定」と「射撃検定」以外の訓練は、全ての予備自衛官が任務に就く前に完全に修得しておかなければならない二つの事項に絞《しぼ》り込み、これを徹底して訓練してゐる。それは、「必殺」と「救命」である。

一つ目の「必殺」では、先づ「狙って撃つ」こと、そして「迅速《じんそく》な弾倉《だんそう》[265]交換《こうかん》」ができることを要望してゐる。実弾射撃訓練の際は誰でも的《てき》（的《まと》の中心の黒圏[266]）を狙って引金を引くが、どういふ訳か演習になると隊員たちは狙ってゐるふりをしてその場を切り抜けようとする。また、空包《くうほう》[267]を使用しての訓練では、射撃音を出すことばかりに気をとられ、敵に照準などしてゐない。現職隊員がその体《てい》たらく[268]であるから、予備自衛官も同様である。要は、新隊員の教育に於て、「狙って撃つ」ことを強調し、その実行を監督してゐないから、「狙ってるふりをすればよい」「空包の射撃音を出せばよい」といふ発想になり、悪しき習慣が定着したのではないだらうか。要は、兵隊を訓育《くんいく》する立場の者が、実戦を意識せず形ばかりを追求してゐるから駄目なのである。

勿論、私が現職であつたころは、この「狙つて撃つ」ことをあらゆる戦闘場面で強調し、それを怠《おこた》る者を厳しく指導矯正《きょうせい》[269]した。当然のことながら、予備自衛官に対しても同様であり、招集訓練に於ては、この「狙つて撃つ」ことの習性化を訓練の前提とし、「迅速な弾倉交換」を完全に修得することを訓練到達目標としたのである。予備自衛官が有事の際、どこでどんな任務に就かうが、敵との交戦の可能性がないとは言へない。従つて、射撃をすれば当然「弾切れ」や「弾詰まり」などが生じるだらう。だから、敵に撃たれる前に素早く弾倉交換をして狙つて撃つ訓練を繰り返し実施し、体に染み込ませ完全に修得しておかなければならないのである。「訓練を担当する助教《じょきょう》らが展示をして、予備自衛官に体験させる程度」では駄目なのである。実習を重視し、しかも反復演練《はんぷくえんれん》（何度も繰り返して訓練すること）により一層練度を向上させ、完全に修得させるのが訓練担当者の使命ではないだらうか。

一般に、敵を発見してから銃を構へ照準して撃発《げきはつ》（撃つこと）するまでに四秒かかると言はれてゐる。だから、攻撃の際、堆土《たいど》（地面が盛り上がつてゐるところ）や凹地《おうち》（地面が窪《くぼ》んだところ）、或いは立木や岩石などの掩護物《えんごぶつ》（敵の攻撃から身を守れる地形地物）から次の掩護物まで躍進《やくしん》する「早駆け」は四秒以内とされてゐるのである。そして、その四秒を基準として、その間駆け切れるであらう距離として「十五メートル以内」といふ目《め》安《やす》が算出されてゐる訳である。ただ、この四秒といふのは、飽くまで野戦（山野での戦ひ）に於ける目安であり、市街地などのやうに彼我《ひが》（敵と我）が至近距離であるならば、敵は当然四秒よりも遥かに早く我に銃を向けて射撃するだらう。だから、迅速な弾倉交換ができなければならないのである。

教範では「弾倉交換は八秒以内に実施しなければならない」とある。どの時点からどの時点までを「八秒以内」と言つてゐるのか、この一文からは読み取れないが、敵前で弾倉交換に八秒もかかつてゐたのでは、死は確定であらう。実戦を想定して訓練到達基準を設定し直し、徹底して訓練させるべきである。

では、実際に予備自衛官招集訓練で実施してゐる訓練の要領を一例として示さう。隊員は、先づ、全弾撃ち尽くして弾切れとなつた状況を作為《さくい》するため槓桿《こうかん》（レバー）を開き、立姿《りっし》で射撃姿勢をとつて正面の複数の的（的の中心の黒圏）に照準し、安全装置を解除して引金を引き射撃を継続する。そして、予期せぬタイミングで発せられた教官の警笛《けいてき》（笛の音）を聞いた隊員は、これを「自分が引金を引いても弾が出ないことを認識した瞬間」

と置き換へ、直ちに槓桿の状態を確認する。槓桿の状態を見て、瞬時に弾が出ない原因を特定するのである。槓桿が閉まつてゐるのに弾が出ない場合は、不良弾であつた可能性が高いので、直ちに槓桿を引いて次弾《じだん》を装填《そうてん》[270]し射撃する。槓桿が僅《わず》かに開いてゐる（完全に閉まつてゐない）場合は、槓桿の不完全閉鎖により撃発ができないので、直ちに槓桿を前方に押して槓桿を完全に閉め撃発する。また、排出された打殻薬莢《うちがらやっきょう》が槓桿に挟《はさ》まつてゐる場合は、薬莢を引き抜いて槓桿を押し込むか、槓桿を大きく引いて中の薬莢を振り落とし装填《そうてん》し直す。弾が二重装填されてしまつてゐる場合は、槓桿を大きく引いて固定し、それを排除しなければならないが、状態によつては工具を使用しないと排除できないこともあるので、注意が必要である。

さて、槓桿が開いてゐる状態で弾切れであることが判明したら、即座に「弾倉《だんそう》止め」を圧して空の弾倉を落とすと同時に、新しい弾倉を弾嚢《だんのう》[271]から取り出し送弾《そうだん》・装填《そうてん》する。そして、直ちに敵を「狙つて撃つ」のである。言ふまでもないが、その間、終始右手は握把《あくは》（銃を保持するために握る部分）を握つたままで、弾倉交換の動作は全て左手で行なふ。また、ここで大事なのは、弾倉交換の動作を行なふ間も敵から眼を離さないといふことである。「敵から眼を離さないことにとらはれて弾倉交換が遅くなるのなら、手元を見て早く弾倉を交換した方がよい」と言ふ者がゐるが、それは練度の低い隊員が実戦に於て選択せざるを得ない場面に過ぎない。さういふことを真しやかに語るのは、高い練度にない者の言ひ訳なのであらう。実際、私の所属してゐた部隊では、誰でもそれができる。正直のところ、未だ鍛練《たんれん》不足の者は若干《じゃっかん》ゐるが、大方の隊員は、先に示した「警笛」つまり「自分が引金を引いても弾が出ないことを認識した瞬間」から弾倉を交換して「狙つて撃つ」までを「四秒未満（三秒台）」で完了する練度に到達してゐる。そして、一層研究心をもつて臨み、指に肉刺《まめ》ができ、それが潰れて胼胝《たこ》になるまで反復演練した隊員たちは、安定的に二秒台で弾倉交換を熟《こな》すやうになるのである。嘘、はつたりではない。これが練成の成果といふものなのだ。嘘だと思ふのなら、同部隊を訪ねてその眼で確かめるがよい。勿論、予備自衛官も例外ではない。老若男女を問はず全隊員が所望《しょもう》の練度に到達してゐる。私が設定する予備自衛官の到達目標は、弾切れを認識させる最初の警笛から弾倉交換を完了して照準し撃発するまでを五秒未満（四秒台）に実施できるやうにすることである。斯様《かよう》な訓練をしたことがない現職隊員もゐるのではないだらうか。或いは訓練したことがあつても未だその練度に到達してゐない現職隊員も多い筈《はず》である。予備自衛官を侮《あなど》る勿《なか》れ。しかも、体で覚えた眼にも止まらぬ速さの弾倉交換

一年ぶりの招集訓練に於て弾倉交換を四・一秒で実施する予備自衛官

は、一年ぶりの招集訓練で、事前に示し合はすことなく抜き打ちで実施させても健在であつた。最もこの方は、毎年私の部隊が担当する招集訓練を希望して出頭《しゅっとう》される熱心な方なのだが、限られた時間の中であつてもうんざりするほど反復演練して修得した技能は露《つゆ》も衰《おとろ》へず体に染み付いてゐるものだと確信した次第である。

　なほ、射撃をしながら自らその発射数を数へて、弾切れになる前に自主的に新しい弾倉に交換することが望ましいのかも知れないが、敵と戦ふといふ極度の緊張とストレスの中で弾数を管理するのは至《し》難《なん》の業で、それを修得するには相当の練成が必要であらう。大概の隊員は、引金を引いても弾が出ないことで初めて弾切れに気づくのではないだらうか。誰にでも起こり得る不測事態[272]に際し、冷静・沈着、且つ迅速に対応できる訓練をしておかなければならないのである。

重点項目「救命」について

次に、重点項目として二つ目に掲げる「救命」についてであるが、私は、負傷した隊員が自ら行ふ救急処置、または隊員が相互に行ふ救急処置を先づ完全に習得するところから始めなければならないと考へる。戦闘中に負傷した場合、我々は可能な限り自ら救急処置を実施し、或いは必要に応じて隊員相互《そうご》に救急処置を行ひ戦闘を継続しなければならないからである。そして、戦闘による戦死者の多くが医療施設に収容される以前に発生することから、「救命」のためには隊員が負傷したその現場等における早期の救急処置が極めて重要であると認識しなければならないのである。

多くのことを予備自衛官に修得して欲しいと思ふ気持ちは解るが、短い訓練時間の中で、あれこれやつたところで、結局何も身に付かず、体験で終はつてしまふ。私が担当する招集訓練では、特に「救急包帯《ほうたい》」及び「止血帯《しけつたい》」による止血を正しい手順（※敵の脅威下《きょういか》における手順）で迅速に実施できるやうに反復演練する。自衛隊では「演練」といふ言葉を「訓練」の同義語として使用してゐるやうだが、「演練」は「本番さながらの訓練」を意味する。要は、実戦さながらに訓練することを心掛けなければならないといふことである。勿論、他の部隊でもこの手の訓練を実施してゐると思ふが、その徹底度が各段に違ふと自負《じふ》してゐる。それは、訓練を受けた予備自衛官が現職隊員を遥かに上回る練度に到達してゐるのを、この目で確認してゐるからである。

　救急処置は、正しい手順で行ふことが重要だが、同時に迅速性が求められる。訓練に於ては、例へば「二十秒以内に止血帯で止血する」といふ到達目標を設定するため、「より速く」といふ意識からか、隊員同士で競ひ合ふ雰囲気が作られることがある。それは訓練意欲の表はれであらう。しかし、全ての訓練に共通することだが、「生命に関はる訓練であるがゆゑに真剣必死に取り組む」ことを強調せず、和《なご》やかな雰囲気の中で徒《いたずら》に[273]動作を反復させてゐると、動《やや》もすれば[274]、それをゲーム感覚で楽しむやうになつてしまふ。その点、教育を担当する者は能く能く注意せねばならない。

　戦場に於ては、敵の銃弾は勿論、砲弾《ほうだん》、地雷《じらい》、手榴弾《しゅりゅうだん》等による破片や爆風で負傷することがあるだらう。また、車両事故等によるものもあるかも知れない。胸部・腹部の損傷の割合は近年の防弾チヨツキの耐弾《たいだん》性能の向上により低下してゐるやうだが、一方で、各種武器の性能の向上に伴《ともな》ひ、四肢《しし》（両手と両足）の損傷、次いで、頭部・頸部《けいぶ》[275]の損傷の割合は増加してゐるといふ。戦闘員である以上、人体のいづれの部位に対しても迅速に救急処置ができるやう徹底して訓練する必要がある。現職自衛官も予備自衛官もである。

万全の準備をもつて臨め

予備自衛官招集訓練では、訓練時間が限られてゐるため、待機・順番待ちなどの無駄な時間を無くし、常に全隊員が訓練してゐる状況を追求する必要がある。

そのためには、事前の準備が重要である。先づ、各部隊で担当する招集訓練では、射撃以外の訓練は銃を使用しないのが通常のやうだ。銃を使用することがあつても、交代で扱ふやうである。私は、先づ、その点から改革した。各人一銃をもつて訓練するのが原則だと考へるからだ。人数分の銃を調達することは難しいことではない。それをしないのは、「訓練後の整備が大変だから」なのか、それとも、過去にあつた事案を教訓として「盗難予防」といふ観点からだらうか。いづれにしても、「真に戦へる予備自衛官の育成」といふ上命《じょうめい》に背いてゐるとしか思へないのである。年に一度、しかも五日しか訓練できないのであるからこそ、各人一銃をもつて訓練すべきなのである。予備自衛官招集訓練を軽視することは、国防を軽視するに等しいのである。

また、教授予行[276]が重要であることは自明《じめい》の理《り》であるが、そこで陥《おちい》り易《やす》いのが、その場限りのはつたりで乗り切らうとすることである。普段は訓練意欲も乏《とぼ》しく堕落《だらく》した生活を送る者が、平素から凛《りん》とした姿勢で訓練に取り組んでゐるかのやうに、虚勢《きょせい》を張つて教育してゐる姿を見ると胸糞が悪くなる。招集訓練に限らず、教育する立場にある者は、平素から自己を律して教育者として相応《ふさわ》しくあらねばならない。

必要な資材の準備も計画的に行なはなければならない。例へば、前述の弾倉交換訓練を実施するためには、各隊員が概《おおむ》ね正面の的《てき》を狙へるやうに、十分な数の人形的《ひとがたてき》を作成して事前に設置する必要がある。また、訓練では、射線《しゃせん》が被《かぶ》らない（味方を撃たない）やうに、隊員を一列横隊で展開させるため、危害予防の観点から、隊員が前後左右にずれないやうに予《あらかじ》め等間隔の位置に印を付けるといふ準備も必要である。

そして、何よりも、助教を鍛へて最高の練度に到達させ、且《か》つ指導力の向上に努めることが肝要《かんよう》である。平素の訓練に重ねて集中的に練成することで一層高い練度に到達した助教は、自信をもつて指導できるやうになる。自らの経験を基に、各動作を迅速・確実に行なふための骨《こつ》を解りやすく教授できるやうになり、且つ、それを短時間で修得させる指導力を身に付けるのである。当然その練度に到達するまで彼らは何度も駄目出しを食らひ、毎夜遅くまで泣きながら取り組んでゐる。その効《かい》あつて、招集訓練では、予備自衛官の全ての隊員が高い練度に到達してゐるのである。我々は、「真に戦へる予備自衛官の育成」に全力で取り組まねばならない。

（平成二十九年　部隊内に掲示・配布）

第十三章

絶えず実戦を意識して訓練すべし

敵の突撃を破砕するために強力な障害を構成

所謂《いわゆる》「戦術行動」には、攻撃、防御《ぼうぎょ》[277]、後退行動、遅滞《ちたい》行動の四種がある。その中でも特に普通科連隊等の各部隊が力を入れて練成してゐるのが「攻撃」と「防御」である。

ここでは、「防御」について論じたいと思ふが、教範（軍事教練の教科書）に謳《うた》はれてゐるやうな高尚《こうしょう》な話をするつもりはない。だからと言つて、防御の意義や行動の根拠となるところを理解せぬままに教範を空理空論[278]、無用の長物《ちょうぶつ》[279]として無闇に否定する悪しき風潮を認める訳ではなく、寧《むし》ろ厳しく警《いまし》めなければならないと思つてゐる次第である。しかし、現場の隊員たちが識りたいのは、経験に基づいた確かな情報、戦ひに勝つための実効性ある技術なのである。そこで、私が現役時代に小隊長として実践したことの一端を紹介して、防御のための準備、取り分け障害の構築について述べながら、その裏付けとなる精神を説いてゆきたい。

一般的に、物凄い勢ひで向かつてくる敵を射撃するのは中々難しいものである。そこで、しつかり狙つて確実に敵に命中させるためには、敵の衝撃力を緩和《かんわ》させ、或いは敵をその場に停止させる必要があらう。つまり、敵がやつて来るであらう経路上に何らかの障害物を置いて敵を停《とど》まらせ、その隙《すき》にしっかり狙って撃つのが得策である。例へば、敵戦車の予想接近経路に対戦車地雷を埋設《まいせつ》し、それに触雷《しょくらい》[280]した敵戦車を対戦車火器で撃破するといふ寸法である。或いは、我の陣地に突撃してくる敵兵を鉄条網《てつじょうもう》でたぢろがせ、その間に機関銃等で鏖《みなごろし》にするのが防御戦闘の一般的な形である。

特に、陣地防御に於てその地を死守せよと厳命された場合、陣前に構築した鉄条網等によつて突撃しようとする敵の衝撃力を緩和させ、予め準備した機関銃等で敵の突撃を破砕《はさい》[281]しなければならない。

縦《よ》しんば敵が突撃破砕線を突破して陣内に侵入したとしても、陣内に構築した鉄条網等により敵の衝撃力を更に緩和し、その機に乗《じょう》じて必ず殲滅《せんめつ》[282]しなければならないのである。先づ、陣前の障害、特に突撃破砕線を構成する機関銃等に連接する鉄条網は、「敵を一兵たりとも陣内に侵入させない」といふ気概《きがい》をもつて、実質的に通過困難なものを構築しなければならない。当然のことながら敵の激しい砲撃によつて鉄条網が切断、破壊されることが予想される。だからこそ、教範に記載されてゐる定型の鉄条網の障害力を過信することなく、例へば異種の鉄条網を併設して縦深《じゅうしん》[283]・高さを増大させ、そこに有刺鉄線《ゆうしてっせん》を不規則に巻き付ける（乱線）等の工夫により一層密度の高い（障害効果の高い）

鉄条網を準備しなければならないのである。

このやうな強力な障害と機関銃等の猛烈な射撃により敵の突撃を破砕することができればよいが、敵も決死の覚悟で鉄条網を突破して陣内に侵入しようとするであらうし、或いは、我が機関銃の射撃効果が十分に得られない不測の事態に陥ることもあるだらう。しかし、そのやうな事態に至つたとしても、陣内に二線三線の鉄条網等を構築しておくことで敵の衝撃力を緩和し、我の射撃の効果を増大させ一人残らず撃ち殺すことができるのである。

弾道ミサイル破壊措置等による警備行動

もう十年以上前にならうか、弾道ミサイル破壊措置命令に基づき、航空自衛隊の迎撃システムの防護を任務として派遣されたことがある。その際、迎撃システムの無力化を企図する国内潜在《せんざい》の工作員等からシステムを防護するための陣地の構成を任せられ、各射撃陣地からの火力と連接し、約二〇〇〇メートルに亘り二段蛇腹《じゃばら》鉄条網を構築した。

しかし、敵の武装工作員の決死の襲撃を想定すると、二段蛇腹鉄条網程度の障害では一気に突破されてしまふのではないかと憂慮《ゆうりょ》し、障害効果を増大させるべく鉄条網の補強を試みようとしたが、視察に訪れた師団長、幕僚長は、二段蛇腹鉄条網を初めてご覧になつたやうで、大層お気に召されて至極御満悦であつたのを覚えてゐる。私がここに危機感を抱いたのは言ふまでもない。しかも、周囲に建ち並ぶ高層建築物からの狙撃の兆候を発見し、或いは迫撃砲《はくげきほう》陣地の適地を割り出し捜索《そうさく》することこそ急務であらうに、自衛隊にも警察にもそのやうな対応はなかつた。これは、到底実戦とは言ひ難いものであり、上級部隊にとつては、戦闘の一場面だけを切り抜いた模擬《もぎ》実験としての「訓練」に過ぎなかつたのではないだらうか。その後、市ヶ谷駐屯地に配備された迎撃システムが実弾にあらず張りぼて（擬製弾《ぎせいだん》）であつた事実からも容易に推測できる。

教範を鵜呑みにせず実員をもつて検証すべし

話を戻すと、「障害効果が極めて大きい」と教範に記載されてゐる「二段蛇腹《じゃばら》鉄条網」を乗り越えてゆくことは然程《さほど》難しいことではない。上からの圧力により蛇腹鉄条網が潰れないやうに蛇腹（蛇の腹のやうな円形状）の上部に鉄線を張つて補強するのが通常であ

左手前から奥に延びてゐるのが二段蛇腹鉄条網、その右にあるのは、二段蛇腹鉄条網の手前で敵に立姿を強要させるために構築した低鉄条網

るが、二名の隊員が横に並んで同時に上から覆《おお》ひ被《かぶ》されば、その重みで蛇腹は押し潰れ、一名が通過できる程度の通路を開設することができる。その隊員たちの背中を踏んづけて鉄条網を通過すればよいのである。勿論、私自身も繰り返し実践してゐるし、隊員たちはうんざりするほど訓練してゐるので、この動作を簡単に遣《や》つて退《の》けるのである。皆さんの部隊でも検証してみては如何だらうか。但し、その際には隊員の危害予防に務めることが重要である。先づ、眼を保護するために必ずゴーグル（眼の部分をすつぽり覆ふ大形の眼鏡）を着用させる。有刺鉄線による顔面・頸部（首の部分）への被害も懸念されるだらうが、鉄条網に飛び込んで覆ひ被さるときに顎《あご》を引き両腕を交差して顔面を保護すれば致命的な怪我をすることはない。

また、手袋は鉄条網を構築する際に使用する厚手の手袋を着用し、手首が露出しないやうに袖口のボタンをきつめに締めておけば手首を保護することができる。その他、覆ひ被さつたときに鉄条網の冷たく硬い刺《とげ》が腕や足に刺さることもあらうが、それには慣れるしかない。

柵型《さくがた》鉄条網や蛇腹鉄条網一線だけでは殆《ほとん》ど障害効果がないし、先にも述べたやうに、「障害効果が極めて大きい」とされる二段蛇腹鉄条網も訓練された隊員たち（敵ならば尚更）の前にはその効果を発揮し得ない。実戦を想定し、実員[284]をもつて検証しなければその効果を把握することはできないのである。教範を読まない奴も駄目だが、教範を鵜呑《うの》みにして[285]賢《さか》しら[286]に物を言ふ奴も信用できない。

使命感の無さが防御準備に妥協を齎《もたら》す

さて、普通科隊員に限らず、如何なる職種の隊員も、鉄条網を構築した経験はあるだらう。或いは、自ら構築したことがなくても、張り巡らした鉄条網の中で勤務したことはあらう。その時の鉄条網は、柵型鉄条網、或いは蛇腹鉄条網を一線構築しただけではなかつただらうか。見ただけで簡単に乗り越えられさうな鉄条網の内側にゐた諸官らは、その時危機感・不安感に駆られなかつただらうか。勿論、「その程度でよい」として脆弱《ぜいじゃく》（脆《もろ》くて弱い）な鉄条網の構築を命じた小隊長は、実戦を想定してゐないばかりか、隊員の生命を守る責任を果たしてゐない。そしてまた、「これでよいのだらう」と納得してしまつた隊員たちも同罪である。或いは、これを評価する立場の者が、「これでよい」としてその不備を指摘しないのであれば、これまた大罪である。

私がかういふことを言ふと、彼らは決まつて「時間がなかつたから」「資材が足らないから」と言ひ訳をする。時間がないのなら寝ないで遣ればよいのだ。資材が足らないのなら、現地で調達した自然物を活用して、鉄条網と同等それ以上の障害を構築すればよいのである。例へば、倒木《とうぼく》・流木《りゅうぼく》を集め、或いは後方地域の樹木の枝を伐採《ばっさい》し、それらを組み合はせて鹿砦《ろくさい》を構築するのもよいだらう。鹿砦といふのは、敵の侵入を防ぐために、枝のある木や先の尖《とが》つた竹などを鹿の角のやうな形に立てて並べ結び合はせた柵のことである。漢字では、鹿砦（砦は「とりで」）、鹿柴《ろくさい》（柴は、枝を切つて不揃ひに束ねたものの意）、鹿寨《ろくさい》（寨は塞。「とりで」「ふさぐ」の意）などと書き、鹿角砦《ろっかくさい》、逆茂木《さかもぎ》とも称される。この鹿砦が実に強力な障害となるのである。一応教範にも紹介されてゐるが、その作製・

活用は殆ど皆無《かいむ》である。私は、訓練・検閲《けんえつ》に於て、障害構築資材の不足を補ふためにこの鹿砦を作製し、小隊の陣前障害として活用してきた。実際に、一般に障害効果が高いとされる屋根形鉄条網や二段蛇腹鉄条網との比較実験を試みたこともある。有刺鉄線を不規則に巻き付けるなどの補強をしない教範通りの屋根形鉄条網や二段蛇腹鉄条網を小隊総員をもつて強行突破させたところ、一瞬の間にこれらを通過してしまつたのだ。それに比して、鹿砦障害の通過は中々難儀であり、その克服にはかなりの時間を要した。若しそこに機関銃が指向《しこう》されてゐたならば間違ひなく鏖《みなごろし》になつてゐただらう。隊員たちにも感想を求めたが、やはり鹿砦の方が心理的に圧迫感があり、また物理的にも繁密《はんみつ》（非常に複雑で煩はしい）で通過が容易ではなかつたといふ。

実際のところ、障害効果の高い鉄条網を構築するための資材、例へば蛇腹、有刺鉄線、それらを固定する各種鉄製の杭《くい》の絶対数が不足してをり、各部隊への配当も著しく少ない。足らないことを理由に脆弱《ぜいじゃく》な障害（鉄条網）で済まさうとする者の罪は重いが、それ以前に、実戦に適《かな》ふ障害の構築を各部隊の隊員たちが平素から演練（本番さながらに訓練）できる充分な資材を調達しなければならない立場の者が、その任務を長年に亘つて放棄し続けてゐることが問題なのである。

攻撃側から見た鹿砦障害

鹿砦を固定する鉄杭などが足りない場合は、木杭を作成して代用する

防御陣地から見た鹿砦障害

鹿砦障害を通過するのに苦戦する突撃隊員

防御準備の一端を取り上げ、私の経験をもとに論じたが、要は、国防といふ使命に真剣に向き合ひ、如何なる訓練に於ても絶えず実戦を意識して具体的に実践することが肝要なのである。

（平成二十八年　部隊内に掲示・配布）

非実戦的行動防遏の極めて喫緊重要なるを思ふべし

我々は、非実戦的行動を防遏《ぼうあつ》（防止）することこそ最も緊急且つ重要であると認識しなければならない。

訓練演習等に於ける非実戦的行動は枚挙《まいきょ》に遑《いとま》がなく、[287] その全てを筆録《ひつろく》するのは困難であるが、旧来の陋習《ろうしゅう》（悪い習慣）を打破し、部隊の教育練成のため更に一段の好果[288]を獲得せむことを念願するものである。

大正十四年に発行された『非実戦的行動防遏《ぼうあつ》手段に関する各師団の意見集』及び『大正十三年度秋季演習視察報告』では、現下自衛隊に於て頻発《ひんぱつ》する「非実戦的行動」とほぼ同様のことが指摘され、その原因の追及と改善のための対策等が論じられてゐる。

ここでは、先人たちの遺《のこ》してくれた貴重な資料を参考にしながら、非実戦的行動防遏のための手段を諸官らと一緒に考へてゆきたい。隊員はどうして「非実戦的行動」をしてしまふのか。先づ、「非実戦的行動」が何に起因してゐるのかを考へる必要がある。

第一に挙げられるのが、やはり「精神面」に関してであらう。命を懸けて祖国を守らむと使命感に燃えて自衛隊に入隊した者が殆ど皆無《かいむ》なのだから、「非実戦的行動」が起こるのは必然なのかも知れない。使命感の欠如が根本的な問題なのである。しかし、だからこそ今、精神教育の徹底が求められてゐるのである。

訓練の計画やその指導に関することが起因して非実戦的行動が起こることが屡々《しばしば》である。その点について『非実戦的行動防遏《ぼうあつ》手段に関する各師団の意見集』には、「演習計画に無理あること」と題して、「例へば、昼間より十分準備の時間を与へずして夜襲を実施せしめんとするが如き、或《あるい》は日没後敵陣地前に到着せる部隊を以て翌払暁《ふつぎょう》[289]攻撃をなさしめんとするが如き、或は騎兵隊《きへいたい》等に十分時間の余裕と活動の余地とを与へず、而《しか》も指揮官は之を期待して戦闘計画を立案せんとする結果、自ら非実戦的捜索法に陥《おちい》らしむる如き是《これ》なり」と記されてあり、「演習計画に無理があること」を非実戦的行動の一因であると指摘してゐる。自衛隊の各部隊の指揮官は耳が痛いのではないだらうか。改善に務むべきである。

また、「演習指導法」についても附言してをり、「演習指揮官は終始至当《しとう》[290]なる戦術上の判断に依《よ》りてのみ行動すべきに就《つい》ては常に戒めつつある所なるも、尚《な》ほ演習の実施に方《あた》りては重要なる決心の動機及び理由等に就き詳細聴取し置き、苟《いやし》くも演習判断[291]に基づくものなる時は厳《げん》に之を戒飭《かいちょく》[292]す」として所謂《いわゆる》演習判断を厳しく禁じてゐるのだ。

自衛隊に於ては、戦術を無視して演習判断で切り抜けようとする風《ふう》が、指揮官に限らず一隊員に至るまでに蔓延《まんえん》してゐる。直ちにこれを払拭《ふっしょく》[293]しなければならない。

また、『非実戦的行動防遏《ぼうあつ》手段に関する各師団の意見集』には、「審判に関すること」として「審判官は力《つと》めて多数を設けて状況の指示、火力の通告、損傷の指摘並《ならび》に戦闘審判の敏速《びんそく》[294]確実を図《はか》り、且つ審判官は成るべく指揮官よりも上級者を以て充当し審判の厳正を期す」と述べられてゐる。演習の審判が厳正・公平に行はれないと、非実戦的行動を看過《かんか》（見逃す）し、これを戒《いまし》める機会を失ふのである。演習の規模が大きいほど、或いは部隊間の対抗演習などで審判官を多く必要とする場合は、平素はあまり演習に参加しない職にある者や審判勤務の経験がない者までが審判官に充《あ》てられるため、厳正・公平を欠くことになつてしまふのである。審判官として必要な一般戦術上の能力、審判勤務上の能力が不足してゐるために非実戦的行動を看過し、却《かえ》つてそれを増長させてしまふのであるから、演習前に必ず審判官を一地に集合させ、演習の実施に関する詳細を教示し、審判上必要な事項を徹底して教育しなければならないのである。形ばかりの教育ではなく、如何にしたら非実戦的行動を防遏できるかを追究して審判教育を実施すべきである。

戦ひは勝たねばならない。だから、軍人として「勝ち」に拘《こだわ》るは当然であらう。しかし、勝つことに執着《しゅうちゃく》するあまり、非実戦的な行動をしてしまふやうでは軍人として失格である。『非実戦的行動防遏手段に関する各師団の意見集』の中でもこのことが取り上げられ、「演習部隊の指揮官以下徒《いたずら》に勝《かち》を争ふに腐心《ふしん》[295]し外形上有利の態勢を整へんとする為自ら非実戦的に陥り或は部下の斯《かか》る行動を看過する」ことを戒めてゐる。

また、「部隊の行動」の中で、斥候《せっこう》（敵情を偵察する任務）についても触れてゐる。「斥候の非実戦的行為は多くは指揮官の要求大《だい》なると斥候の功名心《こうみょうしん》[296]に依《よ》るを以て成し得る限り其の行動を確め、戦術的判断に基き過望《かぼう》なる要求を避け、且《か》つ其《そ》の結果のみを論ぜず行動の可否に重きを置き教育す」としてゐる。諸官らも経験があるのではないだらうか。短い時間の中で敵の陣地を偵察してくるやう命ぜられたが、敵の警戒が厳重でなかなか潜入することができない。それでも、指揮官の期待に応へたいと思ふあまり、また、手柄を立てたいと思ふ功名心が先立ち、最短距離で潜入しようと目論んで、実戦ならば絶対に通ることのない地雷原（想定）を突つ切つて行つたり、敵に空包で撃たれてゐるのに全く動じず、ずかずか陣地に踏み込んで偵察してくるやうな恥づかしい行為を私はうんざりするほど見てきた。「指揮官の無理な要求と部下に対する過度な期待」そして「斥候の功名心」による非実戦的行動誘発の一例である。

現下の国防意識薄弱《はくじやく》なる自衛官二十五万人と皇国守護に命を燃やす二十五万人が一夜にしてそつくり入れ替はるやうな奇蹟でも起こらない限り、自衛隊は、我国を侵略《しんりやく》するどの国とも戦へないだらう。だが、我々は諦める訳にはいかない。隊員たちに対する精神教育を徹底することにより、命を懸けて祖国を守るといふ絶対的使命感を醸成《じようせい》し、鞏《きよう》固《こ》[297]なる国防精神を確立させなければならないのである。

部隊では、定期的な「精神教育」が義務付けられてゐる筈《はず》だが、どの部隊も例外なく実施してゐない。悲しいことではあるが、これが私が長年かけて調査した結果なのである。仮に奇特《きとく》[298]な幹部がそれつぽい教育をしたとしても、それは一過的[299]で継続的なものではないだらう。全国どこの部隊も似たり寄つたりで、「精強《せいきよう》」「精鋭《せいえい》」を呼号《こごう》してゐるが、肝心の精神が備はつてゐないのが現状である。年末年始の休暇や夏季休暇の前に「精神教育」と称し、「交通三悪[300]」や「薬物使用」、最近では「ハラスメント」等を防止するための教育をして、精神教育をやつたことにしてゐるのではないだらうか。恥を知るがよい。

さて、精神教育を強化しながらも実戦に適ふ訓練を積み重ねてゆかなければならないのだが、隊員に「戦闘員としての意識」がなければ何の意味もないのだ。訓練に於ては「敵を意識する」のが当たり前だが、隊員たちはその「当たり前」ができてゐないのである。空包や光線銃では、当たつても死なない。だから敵火の前で平然としてゐられるのである。また、敵の砲弾（曲射《きょくしゃ》火器[301]）に対する脅威もないから、砲弾落下中であつても回避行動をせず、或いは甚《はなは》だしいのは突つ立つたままでゐるのである。敵火に対する脅威《きょうい》を感じてゐない隊員たちには、射撃中の弾着地を歩かせるしか方法がないのだらうか。

非実戦的行動を防遏するためには、平素からの教育が極めて重要である。隊員に対しては、平時の訓練に於て絶えず戦時気分を失はないやう説き続けることが必要である。常に敵弾雨飛《てきだんうひ》の中にあることを想像させ、また、さういふ訓練環境を整へることが重要である。そして、指導者たる者は、特に実戦的行動を以て活模範《かつもはん》を示すべきである。

隊員の非実戦的行動を見逃してはならない。見て見ぬふりをしてはならない。非実戦的行動をなす隊員・部隊に対しては、機を失せず状況（訓練）を一時中止し、その現場において再三その動作を復行《ふっこう》せしめ、非実戦的行動を矯正《きょうせい》しなければならない。そして、必ず模範的行動を展示し、認識を統一することが肝要である。

これらは、私が小隊長として、或いは各種の訓練担当教官として常に心がけ実践してきたことである。理論・理念を掲げながらそれを実践しないのは、諤々《がくがく》[302]の口舌《こうぜつ》の徒《と》に過ぎないからである。自衛隊の各部隊は、「常在戦場[303]」といふ武人の心得をスローガンとして掲げ満足してゐるだけではないだらうか。

（令和三年三月『もののふ』）

陋習を即刻粉砕すべし——所謂「脱落防止処置」の弊害

自衛隊には即刻粉砕すべき数々の陋習《ろうしゅう》がある。それは何より諸賢《しょけん》のよく知るところであるが、日常これらの悪習に疑問を抱《いだ》きながらも、その実許容してゐるのが現状ではないだらうか。今回はその中でも取り分け害のある、所謂《いわゆる》「脱落防止処置」について話したいと思ふ。

諸君らの部隊で使用してゐる弾倉《だんそう》には、その下部に脱落防止用の紐《ひも》が付いてゐないだらうか。演習などの訓練で「弾込め（小銃に弾倉を装着した状態）」をした際には必ずこの紐《ひも》を用心金《ようじんがね》に縛《しば》り付けて、弾倉の脱落防止に努めるやう口喧《やかま》しく言はれてゐると思ふ。これさへやつて置けばたとひ何かの勢《はず》みで弾倉が外れることがあつても、決して紛失することはないとして、大層評価されてゐるやうだが、私はその馬鹿さ加減に呆《あき》れてゐる。

これは、射撃することを前提としてゐない極めて幼稚《ようち》な発想であり、「射撃」と「戦闘訓練」を一体化させ、より実戦的な訓練を追求しようとする近年の正当な流れに逆行するものである。

弾倉内の弾を撃ち尽くしてしまつたならば、誰でも直ちに弾倉を交換して射撃を継続しようとするであらうに、一々紐を解かないと弾倉を取り外せず、おまけに腰回りの弾倉までも弾帯《だんたい》に縛り付けてゐるため、一層弾倉の着脱が煩《わずら》はしくなり、結局、見せかけだけの訓練に終始してしまふのである。

実際に「迅速な弾倉交換」を試みると、意外に難しいことが判る。敵から眼を離すことなく素早く弾倉交換できるやう体に覚え込ませるには相当の反復を要するが、訓練すれば誰でも上達するものである。お試し戴きたい。また、当然のことながら訓練を積むうちに、腰回りの装具、特に弾嚢《だんのう》の位置や弾倉の向きなども、「体裁《ていさい》のみに執着した統制位置」ではまるで役に立たないことに気付き、自《おの》づから実用的なものに改善されてゆく筈である。この「脱落防止処置」を推奨《すいしょう》する人は、隊員が弾倉を紛失してしまふことだけを危惧《きぐ》してゐるのであつて、本当に精強な部隊を育成しようといふ気など微塵《みじん》もないのである。「脱落防止」など却《かえ》つて害があるといふものだ。何もびくつくことはない。「脱落防止」をしなければ、隊員は装具（弾倉）を落とさぬやう絶えず注意を払ふであらうし、万が一紛失した時は、厳罰に処せばよいのである。隊員は同じ失敗を繰り返さないに違ひない。

もう一つ厄介な物がある。これも各部隊で推奨されてゐるのだが、腰に着ける銃剣が脱落せぬやうに、銃剣本体と弾帯304（六四式小銃の場合）、或いは、銃剣本体と鞘《さや》と弾帯（八九式小銃の場合）を繋《つな》ぎ止める「銃剣止め《じゅうけんど》」といふ道具がある。勿論官品《かんぴん》ではないが誰でも持つてゐて、訓練時にはこれを装着するやう指導される。しかし、これも前述の弾倉同様、咄嗟《とっさ》に剣を抜かうとしても、「銃剣止め」を取り外してからでないとどうにもならないのである。紛失防止のみに執着《しゅうちゃく》した非実戦的思考に基づく陋習である。

ここで私は、かの桜田門外の変を想起する。桜田門外の変は万延《まんえん》元年三月三日（今から約一六〇年前）、尊皇攘夷《そんのうじょうい》派の志士・学者を次々に断罪した「安政《あんせい》の大獄《たいごく》」の首謀者である国賊井伊直弼《いいなおすけ》を乗せた駕籠《かご》が、江戸城に登城するため桜田門外を通りかかつたところを水戸の尊攘派の一団に襲撃された事件である。井伊大老の一行は、供廻《ともまわ》り[305]の徒《かち》[306]、足《あし》軽《がる》[307]、草履《ぞうり》取り[308]など総勢六十四人もの大人数であつたが、この襲撃に殆ど防戦できぬまま大混乱に陥つたといふ。この日、春には珍しい大雪であつたため、一行は全員刀を油紙で包み、柄袋《つかぶくろ》をつけ、紙縒《こよ》りで結んでゐた。雪で湿《しめ》つて刀が錆《さ》びるのを防ぐためだつたのだらうが、紙縒りが湿つて解けず、刀を抜くことすらできなかつたといふ。長く続いた泰平《たいへい》の世に慣れきつた気の弛《ゆる》みが禍《わざわい》した結果であらう。我々は歴史に学ばねばならない。

（平成十五年三月『言靈』）

「神風連の変」に学ぶ戦術

部隊の骨幹《こっかん》[309]をなす幹部自衛官は、その地位・階級に応じて必要な「戦術」を学ぶ。一体どれだけ高度な戦術を学んでゐるのか知る由もないが、訓練の現場において感じるのは、彼らの戦術が空理空論に過ぎないといふことである。それは、彼らが戦場の実相《じっそう》を理解せぬままに戦術を学んでゐるからではないだらうか。

抑々《そもそも》、戦術とは、作戦・戦闘において、状況に即して任務達成に最も有利なやうに部隊を運用する術をいふが、戦場は、常に状況が不確実・不安定で、齟齬《そご》[310]、錯誤《さくご》[311]の連続であり、そこには生命に対する危険が常在し、恐怖や疲労などの精神的・肉体的困難に遭《そう》遇《ぐう》して、予期した通りに進展しないのが当たり前である。さういふ戦ひの実相に深く思ひを致さぬままに戦術を学んだところで、所詮は机上《きじょう》の空論であり、それによる拙劣《せつれつ》[312]な戦術は部下隊員の血をもつて償《つぐな》はなければならないのである。勿論、さうした戦術修学上の心構へについては教範にも謳《うた》はれてゐるだらうが、若《も》しかすると、戦場の実相を認識して現実に即した部隊運用ができるやうに「戦術」を教授する教官が最早《もはや》存在してゐないのではないかと怪しんでゐる。

さて、戦術といふものは、幾多の戦史から導き出されたものであるから、我々が戦術をよく理解するためには、それらの戦史を学ぶことが重要である。つまり、戦術眼をもつて戦史を研鑽《けんさん》[313]することにより戦術的な因果関係[314]や戦場の実相を理解することができ、訓練・実戦において現実に即した部隊運用ができるやうになる訳である。覚えたての戦術用語を連発して賢《さか》しらに戦術を語るだけでは、戦ひに於て戦勝を獲得することなどできないのだ。

戦勝を獲得するための基本原則（戦ひの原則）として、目標、主動、集中、経済、統一、機動、奇襲、保全、簡明《かんめい》などが挙げられるが、ここではこれらを一々解説しない。教範を熟読して戴きたい。私は、明治九年に起つた「神風連《しんぷうれん》の変《へん》」の概要《がいよう》をここに記し、己が戦術眼をもつて、その戦ひの中に「戦ひの原則」の適用を見出だしたいと思ふ。

明治九年十月二十四日、熊本県下に起つた「神風連の変」は、最も純粋且つ激烈な国学派の戦ひである。この神風連の戦ひは、明治維新の真の精神が喪失し、文明開化へ急傾斜[315]する中で、断乎《だんこ》として明治維新の真の精神を守り抜かうと、明治維新そのものに対する「維新」を目標として、その念願の下に起つた悲劇的な事件の一つである。

「神風連の変」は、首領《しゅりょう》・新開《しんかい》大神宮祠官《しかん》[316]太田黒伴雄《おおたぐろともお》、副首領・錦山加藤《にしきやまかとう》神社祠官加《か》屋霽堅《やはるかた》以下百七十余名の兵力を以て起された蹶起《けっき》の崇高な理想といふものが、軍を皇都東京に進めて、明治維新に対する「維新」を実現するにあつたことは、『同志一統心得』により明らかであるが、実際には、熊本鎮台[317]の歩兵営と砲兵営を襲撃し、六十余名を殺してこれを焼き払ひ、鎮台司令官種田《たねだ》政明《まさあき》少将、参謀長高島《たかしま》茂徳《しげのり》中佐、連隊長与倉《よくら》知実《ともざね》中佐、熊本県令安岡《やすおか》良亮《りょうすけ》、県民会議長太田黒《おおたぐろ》惟信《これのぶ》等の各邸宅を襲撃し、このうち種田司令官、高島参謀長を即死させ、また、安岡県令に重傷を負はせるといつた驚天動地《きょうてんどうち》[318]の奮戦をして天下を震撼《しんかん》[319]させたが、近代装備の二千余の鎮台兵の前に、空しくも一夜にして鎮圧されてしまつたのである。

今日、「神風連の変」を佐賀の変にはじまり、西南の役に至る一連の反政府運動の一つとしてとらへるのは未だしも、「禄《ろく》[320]を失なつた困窮不平士族[321]の爆発」などといとも簡単に片づけ、或いは、この史実さへ広く識《し》られてゐない現状の中で、「神風連の変」が如何なる歴史的意義をもち、且つ今日の現状に対して如何なる意義を持つてゐるのかを我々は先学に学び、これを受け継がねばならないと思ふのである。

神風連の諸士は、明治維新以来の政府の秕政《ひせい》[322]に不満を抱き、憤激《ふんげき》し続けてきたが、結局挙兵への決定的条件には至らなかつた。しかしながら、明治九年の廃刀令[323]が布達《ふたつ》[324]されるや彼らは決然と起ち上がつたのである。それは、神風連諸士にとつて、帯刀[325]が何よりも国体の風儀であつたからである。帯刀、即ち武装といふものは、国体を護持するために必要な手段なのではなく、国体の一つの実質であるといふ彼らの国体観そのものに関はる由々しき問題であつたからである。

「神風連の変」を考察する上で、彼らの国体観、神道思想、そして徹底した攘夷[326]の精神を学ぶことは極めて重要であり、私の長年に亘《わた》る研究課題でもあるが、この度、「戦術」に於ける「戦ひの九原則」について今一度翫味《がんみ》[327]しつつ、これに照らして新たなる考察を試みたいと思ふ。

先づは、「統一」といふ観点から考察したい。「統一」は、全ての戦闘力を総合して共通の目的に指向するため極めて重要であり、一人の指揮官に付与した場合に最も確実となる。

「神風連」とは、維新後に肥後勤王党《ひごきんのうとう》より分派した「敬神党」の通称であるが、この一派数百人を能く取り纏《まと》め、蹶起《けっき》に至つては、抜群の統率力を以て指揮したのが、首領太田黒伴雄に他ならない。蹶起に際し、「明治維新に対する維新」といふ党人共通の目的を果たさむがために、神風連諸士各々の戦闘力を見事なまでに一つに総合して発揮した太田黒といふ存在により指揮の統一が図られたと言へよう。

次に、「保全」の観点から考察したみたいと思ふ。「保全」は、脅威に対して我が部隊等の安全と行動の自由を確保するため、極めて重要である。

神風連は、太田黒統率の下、志操《しそう》[328]頗《すこぶ》る堅固《けんご》なる壮年数十名が後進の若者たちを統括指導し、互ひに助け合ひ、共に喜憂《きゆう》[329]して、結束を固くし、おのづから隠然《いんぜん》[330]たる一団体を形成してゐた。そして、組織の秘密は、婦人子供でさへもが固く口を閉ざし、決して外部に漏らすことはなかつたと伝へられてゐる。明治九年、あれほどの大事件を企《くわだ》てながら、軍や警察の情報関係者さへも事前にそのことを偵知《ていち》[331]することができなかつたのは、洵《まこと》に天晴《あっぱ》れなことであり、神風連諸士が自らの行動を秘匿《ひとく》[332]し、一党の安全を確保すべく「保全」の義務を怠らなかつたがゆゑであらう。そして、一党の確実な「保全」により、彼らの「奇襲」は悉く成功したのである。

「奇襲」は、敵の意表に出てその均衡《きんこう》を崩《くず》し、戦勝を獲得するため極めて重要である。敵の予期しない時期・場所・方法で打撃することと及び対応のいとまを与へないことは、奇襲成功の要件である。

十月二十四日（陰暦九月八日）、七隊に編成された百七十余名は、螺貝《ほらがい》の信号を合図にそれぞれの襲撃目標に向かひ一斉に進発した。

先にも述べたが、熊本鎮台司令官・陸軍少将種田政明はじめ、誰一人として神風連一党の蹶起を予期することができなかつたといふ。夜陰《やいん》に乗じて一斉に襲撃し、敵を混乱に陥《おとしい》れ、彼らの「奇襲」攻撃は成功した。しかし、一党の武器は刀槍《とうそう》[333]などの白兵戦《はくへいせん》[334]むきのものばかりで、一挺《ちょう》の小銃すら持つてゐなかつたために、次々と鎮台兵の銃弾に斃《たお》れて行つたのである。

後に、兵学に詳しい仁《じん》が、この事件を戦術的に分析していふには、党人《とうじん》の側《がわ》に二つの失策がある。その第一は、兵営に放火して我が方の兵力を敵に読まれてしまつたことである。その第二は、一挺の銃も持たなかつたことである。もしも、党人百七十余名に、各自一挺の小銃と四、五十発の弾薬を持たせ、歩兵営・砲兵営の襲撃と同時に、夜暗に乗じて、少数の游撃隊《ゆうげきたい》によつて鎮台司令部を衝かせれば、或いは党人側が勝つてゐたかも知れないと。この論の当否は兎も角、神風連が何ゆゑに蹶起したのかを真に理解せぬ仁の見解であることは間違ひない。現代の戦史・戦術教官の戦術分析も大方この程度なのではないだらうか。「戦術」といふ新たな視点からの考察は、かの神風連の変をより深く理解する手立てとなつた。今後は「戦ひの原則」について一層究《きわ》め、大いに戦史を学び、己が戦術眼を養つてゆきたいと思ふ。そして、隊内維新実現のための戦ひの中に、この「戦ひの原則」を総合的に活用し、必ず戦勝を獲得することを茲《ここ》に誓ふ。

（平成十九年　上級陸曹課程「戦術論文」）

第十四章 皇統護持の無双の精忠

和気清麻呂公の精神を継承せむ――僕は天皇陛下になりたい

小学二年生のときだつたと記憶してゐる。担任の先生から「大きくなつたら何になりたいか」を問はれ、作文を書かされたことがある。原稿用紙が配られるとすぐに隣の席のお下げ髪の子は、「わたしは、お花屋さんになりたいです」と書き出し、見る見る枡《ます》目《め》を埋めていつた。周囲の級友たちもまたすらすらとペン（HBの鉛筆）を走らせてゐた。皆に後《おく》れを取つてゐた私は、取り敢へず題名を書く最初の一行を空けて、二行目に名前を書き、「ぼくは、」と書き初めてはみたが、そのあとが続かず、結局宿題として家に持ち帰ることとなつてしまつた。

帰宅してからおやつを食べ、例によつて暗くなるまで外で遊んで帰つてきた私は、母に促《うなが》され、渋々《しぶしぶ》宿題に取りかかつた。「ぼくは、てんのうへいかになりたいです。（※当時は現代仮名遣ひ）」と書き始めたときのことである。様子を見に来た母は、私の作文の書き出し文句を見て酷《ひど》く動揺し、「お父さーん、お父さーん」と金切《かなき》り声《ごえ》を上げて作文を父の許へ持つていつてしまつた。その後、父から正座をして聞くやうに言はれ、延々と話を聞かされた。子供が解るやうな言葉で説明してくれたのであらうが、何も覚えてゐない。ただ一つ解つたのは、「天皇陛下にはなれない。なれると思つてもいけない」といふことだつた。

我が家では、新年と天長節《てんちょうせつ》（当時は四月二十九日）に欠かさず参賀《さんが》にまゐるのを恒例《こうれい》としてゐた。止むことのない万歳の声に包まれて何万人もの人々からの祝意を受けられる陛下の御存在は、幼少の私にとつては「とつても偉い人」「もの凄く立派な人」といふ印象で、きつと憧れの存在だつたのだらう。しかし、子供であるとはいへ、皇位を望むとは何たる無道者であらうか。断じて消し去りたい過去である。

弓削道鏡の奸謀

高校生のとき、日本史上に弓削道鏡《ゆげのどうきょう》といふ無道者がゐたことを知つた。臣下でありながら皇位を奪はうと謀《はか》つた大逆《たいぎゃく》無道《むどう》の人物である。

今から約一二〇〇年前の奈良時代の話である。東大寺の大仏鋳造《ちゅうぞう》が完了し、聖武《しょうむ》上皇（第四五代天皇）、孝謙天皇（第四六代）が行幸遊ばされて一大開眼供養《いちだいかいげんくよう》が国家の事業として行はれたことから解るやうに、将《まさ》に奈良仏教最盛の時代であつた。当時は仏教と国家が一体で、国ごとに国分寺《こくぶんじ》（僧寺《そうじ》）・国分尼寺《こくぶんにじ》（尼寺《あまでら》）が建てられ、これを総括する寺として東大寺が建てられた。政治と仏教が一体、つまり、官吏《かんり》（国家公務員）と僧が一体であつたのだ。従つて、貴族でもなく地方豪族《ごうぞく》でもない者が政治権力を得るためには僧侶にならねければならなかつたのである。その中に、弓削道鏡といふ者がゐた。道鏡は孝謙上皇（第四六代天皇、聖武天皇の皇女）に取り入つて政治の中枢《ちゅうすう》に入り込んでいつたのである。

ここに於て、藤原仲麻呂《ふじわらのなかまろ》が立ち上がり道鏡の排除を策したが失敗し、近江《おうみ》で妻子らと共に斬殺《ざんさつ》されてしまふのである。そして、これにより淳仁《じゅんにん》天皇（第四七代）は退位し、淡路《あわじ》に配流《はいる》され（淡路廃帝）、孝謙《こうけん》上皇が重祚《ちょうそ》して称徳《しょうとく》天皇となられたのである。勢ひを増した道鏡は、大宝令《たいほうりょう》（国家の基本法）にも存在しない太政大臣禅師《だいじょうだいじんぜんし》といふ官に即《つ》き、更に法王の位に即くと弓削一族が政局を一手に握るやうになり、正月ともなると、左大臣、右大臣をはじめ朝廷の高官が全て道鏡のもとに挨拶に赴《おもむ》いた。

そして、大宰府《だざいふ》で神事を担当してゐた習宜阿曾麻呂《すげのあそまろ》といふ者が、道鏡が天皇の位を狙つてゐることを察して、「宇佐八幡大神《うさはちまんおおかみ》のお告げがありました。道鏡が天皇の位に即けば天下は太平になります」と奏上《そうじょう》したのである。驚かれた天皇は、この神託《しんたく》（神のお告げ）

がまことであるか否《いな》かを宇佐《うさ》に下って神意を伺ふやう、最も信任の厚い側近《そっきん》の和気広虫《わけのひろむし》公に命じたのである。しかし、広虫公は女人であり、九州まで行くことは困難であつたので、弟の和気清麻呂《わけのきよまろ》公が代はつて任務を果たすことになつたのである。

和気清麻呂公の精忠

清麻呂公は九州に赴き、宇佐八幡大神の大前にひれ伏して祈つた。ここに於て、一天《いってん》俄《にわか》にかき曇り、闇に包まれた中に大神がそのお姿を現はし給うたのである。大神は、「我が国は開闢《かいびゃく》以来、君臣の分《ぶん》定まれり。臣下でありながら天位を望むとは、道鏡は何たる無道者か。汝《なんじ》、帰つて天皇に奏上せよ。天位は必ず皇統《こうとう》を以て継承すべし。無道の者は速かに剪除《せんじょ》せよ」と仰《おお》せになられ、ここに神託が下されたのである。清麻呂公は大前にひれ伏し、神託のままを奏上することを誓つたのである。ありのままを奏上することは死を覚悟することであつたが、清麻呂公の期するところは、ただ神の随《まにま》にあらむことのみであつた。そして都に帰つた清麻呂公は天皇に神託をそのまま奏上したのである。

道鏡は、清麻呂公が偽《いつわ》りの奏上をしたとして激怒し、清麻呂公、広虫公の官位を剥奪《はくだつ》し、広虫公を広虫売《ひろむしめ》、狭虫《さむし》と改名させ備後国《びんごのくに》（現在の広島県）へ配流《はいる》し、また、清麻呂公を穢麻呂《きたなまろ》と改名させ、足の筋《すじ》（アキレス腱）を切つて足が立たないやうにして大隅国《おおすみのくに》（現在の鹿児島県）に流罪《るざい》としたのである。そして更に、道鏡は、清麻呂公をその途次《とじ》（行く途中）に於て密かに殺害しようとして追つ手を差し向けたのである。ところが、清麻呂公の船が豊前国《ぶぜんのくに》宇佐（現在の大分県）の海岸に着いたとき、道鏡の追つ手が迫り来る中、多くの猪《いのしし》が出現してこれを庇《かば》ひ、その一頭が清麻呂公を背に乗せて、宇佐神宮の社頭までお送りしたといふ。

清麻呂公を流罪にした翌年、天皇は発病され、その年のうちに崩御遊ばされた。予《かね》てから道鏡の横暴を憎んでゐた群臣たちは直ちに白壁王《しらかべおう》をたて、その令旨《りょうじ》を以て道鏡の奸謀《かんぼう》（悪い企み）を攻めて、これを下野国《しもつけのくに》（現在の栃木県）薬師寺別当に移し、道鏡に取り入つて偽りの神勅を奏上した習宜阿曾麻呂を多島守《たねがしまもり》に流し、これと入れ替へに清麻呂公と広虫公を大隅《おおすみ》・備後《びんご》から呼び戻したのである。そしてその年、白壁王は即位して光仁《こうにん》天皇（第四九代）となられた。ここに国体を揺るがすに及んだ大事件も落着したのであつた。

斯くして、道鏡とその一派を排除することができたが、仏教の勢力が衰《おとろ》へた訳ではなく全てが解決したのではなかつた。無理な大仏の鋳造《ちゅうぞう》や大寺の次々の建立により国家経済は困窮《こんきゅう》し、僧侶たちは権力を縦にして不祥事件が後を絶たなかつた。さうした中で、清麻呂公は、落ちゆく世を睨《にら》み、その維新改革のために秘策を練つてゐたに違ひない。光仁天皇が崩御遊ばされて桓武《かんむ》天皇（第五〇代）が即位遊ばされると、遂に奈良の都を捨てるといふ大手術に踏み切るのである。この平安遷都《せんと》の大事業に最も関はり、これを推進したのが、外でもない和気清麻呂公なのである。

嘗て、弓削道鏡の如く「ぼくは、てんのうへいかになりたいです」と皇位を望んで憚《はばか》らなかつた小学二年生の無道者は、今、和気清麻呂公の精神を継承せむと日々に勉め、この先に皇統を脅かす者あらば即刻誅殺《ちゅうさつ》すべく鍛練《たんれん》を重ねてゐる次第である。

（平成十九年『もののふ』）

第十五章

絶対不動の御存在を仰ぎ奉る

天皇制・天皇家などといふ言葉はない

最早《もはや》言葉の乱れは止まるところを知らない。殊《こと》に、皇室に対し奉る不敬な言葉の濫《らん》用《よう》[335]には、憤《いきどお》りさへ感じる。洵に由々しき問題である。

例へば、「陛下」「殿下」などの尊称や、尊敬語・謙譲語《けんじょうご》などの敬語を省略してしまつたり、或いは、適切に使用してゐなかつたりといふこともあるが、ここでは、根本的なことについて申し上げたい。

新聞・雑誌・テレビなどの至るところで「天皇制」「天皇家」といふ言葉を見聞きするが、このやうな言葉には、日本の国体を蹂躙《じゅうりん》しようとする悪意が籠《こ》められてゐる。抑々《そもそも》、「天皇制」「天皇家」なる言葉は、日本共産党が作り出した造語[336]なのだ。詰《つ》まり、「飽くまで『天皇制』といふ『制度』に過ぎないのだから、国民の意思によつて廃止することができる」といふ考へに基づくものであり、また、「『皇室』は決して特別なものではなく、一般の『家』と何ら変はりない、謂《い》はば『天皇家』なのである」といふ極めて低俗な平等主義に基づいた、反日造語に他ならない。

これまで皆さんは知らず知らずにこれらの言葉を受け入れ、日常遣《つか》ひ慣《な》らはしてゐたかもしれないが、右に記したことが真相である。日本人として判断して戴きたいと思ふ。そして、天皇陛下の御存在といふものが、私たち日本人にとつてどういふ意味をもつてゐるのかを考へて戴きたいのである。

病《や》みませる御身《おんみ》ながらにほほゑみてわが大君は御手《みて》振りたまふ

右の拙詠は、平成十五年一月二日、宮城参賀の折に詠んだものである。天皇陛下には、前立腺癌《ぜんりつせんがん》による御痛《おんいた》み尋常《じんじょう》ならざる御身にも拘はりませず、七度も出御《しゅつぎょ》したまひ、国民の参賀に御手振りましてお応へ遊ばされたのである。優渥《ゆうあく》[337]なる大御心[338]に唯々感泣《ただただかんきゅう》致し、謹んで陛下の御快癒《ごかいゆ》をお祈り申し上げる次第である。

千羽《せんば》にはなほ遠けれど子が折りし八羽の鶴を神に捧げぬ

（筆者歌集『御楯の露』より）

（平成十五年二月『言靈』）

大和魂とは何か

「大和魂《やまとだましい》」とは何かを自らに問ひかけてみた。十分に理解してゐると高《たか》を括《くく》つてゐたが、改めてその内容を説明しようとすると、言葉に窮《きゅう》してしまひ、結局自分自身よく解つてゐないことに気づいた次第である。

「大和魂」とは何か。その答へを古典に求めてみたいと思ふ。平安中期の長編物語として名高い『源氏物語』の「少女《おとめ》」の巻に、「なほ、ざえをもととしてこそ、やまとだましひの世に用ゐらるる方も強う侍らめ」といふ一節がある。また、平安中期の歴史物語である『大鏡《おおかがみ》』の中にも、「大和魂などは、いみじくおはしましたるものを」とあるやうに、本来「大和魂」は「漢才《からざえ》（漢学《かんがく》の才能や教養、殊に詩文に巧《たく》みなことをいふ）」の対義語であり、日本人の生まれながらに持つてゐる才能や智恵《ちえ》、特に和歌をつくる能力を意味する。江戸期まではそのやうに理解されてきたが、幕末、維新の頃から「日本精神」として認識され、今日に至つてゐるやうだ。

日露戦争後、この「日本精神」としての「大和魂」が強調されたことに対し、夏目漱《なつめそう》石《せき》はその著『我が輩は猫である』の中で、「魚屋だつて何だつて大和魂をもつてゐる（そんなに強調せずとも日本人なら誰でももつてゐる感情である）」と揶揄《やゆ》してゐるが、日本人なら誰でももつてゐるといふ「大和魂」、つまり「日本精神」とは一体何であらうか。それは、我が民族固有の精神、即ち、君思ふ赤き心であり、天皇陛下に仕《つか》へ奉《まつ》らむとする真心に他ならない。天皇陛下の御存在は、例へて申し上げるならば太陽である。総ての国民に遍《あまね》く光を照らし給ひ、常に国家の安泰と民の幸福を祈り給うてゐるのである。そこに一切の「私《わたくし》」が無いといふ神のごとき御存在に唯々《ただただ》感謝し奉り、全生命を懸けて御奉公申し上げたいと思ふのである。日本人であるがゆゑにさう思ふのである。

（平成十五年十月『言靈』）

真の愛国心とは何か

愛国心とは何か。さう問はれて諸官は何と答へるだらうか。自明のことだが、祖国防衛の任に当たるべき我々自衛官にとつて、愛国心は絶対不可欠な精神要素であり、これ無くして国防は成り立たない。併《しか》し、一体どれだけの者が真の愛国心を懐《いだ》きつつ職務に精励《せいれい》してゐるだらうか。

真の愛国心とは何か。それを知るためには、先づ「国」とは何か、つまり我国の国柄を理解することから始めなければならない。我国の国柄を一言で言ふならば、「君民一体」である。皇祖、つまり天皇の祖先に坐《ま》します天照大御神《あまてらすおおみかみ》の神勅《しんちょく》の随《まにま》に天《あめ》の下知《したし》ろしめす（天下を御統治遊ばされる）我が大君は、御国《みくに》の栄えと御民《みたみ》[339]われら（天皇の人民である私たち）の幸ひを常に祈らせ給ひ、御民われらは、我が大君の大御恵《おおみめぐみ》を賜はりて生かされるがゆゑに、生死を懸けて御奉公申し上げる、これこそが我国の輝かしい伝統であり国柄なのである。

偖《さて》、愛国心とは「国を愛する心」に他ならないが、各個人の有《も》つ国家観の相違により、その解釈は千差万別であり、実に様々な「愛国心」が世に蔓延《はびこ》つてゐる。私などは、先に述べた我国の国柄、即ち国体を理解せぬままに、低俗且つ身勝手な愛国心を振り翳《かざ》し、或いは、欧米流の低劣極まりない愛国心を真しやかに説くやうな当今《とうこん》の風潮《ふうちょう》に呆《あき》れてゐる。愛国心が戦闘の原動力である以上、曖昧《あいまい》な国家観に基づく愛国心では、激烈なる戦闘を戦ひ抜くことなどできない。つまり、真の愛国心とは何かを究明し、己が信条、信仰として、これを堅持《けんじ》してゐなければ、命懸けで戦ふことなどできる訳がないのである。

併し、然《しか》るべき愛国心の中にも、「父母兄弟、妻子、或いは恋人を守りたいと思ふ心、その自然な感情こそが愛国心である」などと説く仁《じん》が少なくないのだ。肉親、配偶者を大切に思ひ、降り懸かる難から守らうとするのは当然の情感ではあるが、それを愛国心などとは言はない

勿論、肉親・配偶者への情愛は大切である。併し、その情愛は飽くまで私情に過ぎないのであり、この私情のために臣下の第一義を忘れることがあつてはならない。況《ま》してや我々は軍人である。「私《わたくし》」のためではなく「公《おおやけ》」のために奉ずるのである。教育勅語[340]にもあるやうに、「一旦緩急《かんきゅう》[341]あれば義勇公に奉じ以て天壌無窮《てんじょうむきゅう》[342]の皇運《こううん》[343]を扶翼《ふよく》[344]」しなければならないのである。

厳しいことを言ふやうだが、百年後、諸官らの肉親・配偶者はもうこの世にはゐない。諸官自らも同様である。世は将《まさ》に諸行無常《しょぎょうむじょう》[345]なのである。併し、我々は無常にあらざるもの、絶対不動にして悠久不滅《ゆうきゅうふめつ》なるもの、即ち、我が国体のために命を懸けるべきなのである。一朝事ある秋《とき》、目先の一時的なものに捕らはれて我々の本分を忘れてはならない。永久永遠なるもの、我が国体に命を捧げるのである。

妻子を捨てて征《ゆ》くのではない。妻子と共に征くのである。一切を己の心の中に抱擁《ほうよう》[346]して国体護持の大道《たいどう》[347]に専念しなければならない。軍人である以上、このことを肝に銘じて

おくべきである。
戦後、占領軍が「天皇」と「日本人」を切り離し我が国体を蹂躙《じゅうりん》しようとした日本弱体化政策の絶大な効果により、今日の国民に、「天皇陛下に御奉公申し上げる」といふ意識が稀薄であるのは悲しい現実である。だが、何時までも洗脳され続け、そのことに気付くことさへできないのは、余りに憐《あわ》れではないか。今こそ民族の本《もと》つ心に立ち還へり、真の愛国心を取り戻さうではないか。

（平成十七年十二月『言靈』）

武道の眼目は天皇守護なり

随分《ずいぶん》昔のことになるが、皇国の武道を共に学ばむとする某武道稽古《けいこ》会に弱兵我も参加させて戴いたことがある。その折、剛柔流《ごうじゅうりゅう》空手の形「三戦《さんちん》」を拝見したが、息吹《いぶき》（呼吸法）により臍下丹田《せいかたんでん》[348]に力を籠《こ》め、自らの内側を充実させる「三戦」には、言ひ知れぬ力強さを感じた。習技者はこの三戦立習練の間に様々な攻撃を仕掛けられ、これに耐へ抜くといふ。究極なる内側の充実が達成されてこそ、外部からの如何なる攻撃にも耐へ得るのであらう。内の鍛練《たんれん》、魂の練磨こそが肝要であることを学ばせて戴いた。

また、居合道の先生は、「嘗《かつ》ての武道家は何ら準備運動もせず出し抜けに稽古を始めた」と言ふ。然《さ》も無くば、敵の不意急襲的攻撃に対処できないとの由である。これには納得。戦闘員必須の心得として肝に銘じた次第である。

さて、愚生《ぐせい》はこの稽古会で初めて試斬《ためしぎり》に挑戦した訳であるが、無外流《むがいりゅう》、夢想神伝流《むそうしんでんりゅう》居合道、陸軍戸山《とやま》学校戸山流抜刀術などを修められた先生方の前では流石《さすが》に緊張した。先生の愛刀二尺四寸の業物《わざもの》[349]を執つて巻藁《まきわら》の前に進み出で、眼前《がんぜん》の巻藁は天皇陛下に仇為《あだな》す敵《かたき》、生かしては置けぬ奴と睨《にら》みつけ、柄を確《しか》と握り締め必殺の念を以て、左袈裟《ひだりげさ》、右袈裟、左袈裟と三段に斬り下ろした。否、「ぶつた斬つた」といふ表現が適当であらう。愚生のはあらまし水平打ちで、飛び散つた巻藁の斬り口は哀れにも波形《なみがた》であつた。悔しさのあまり、「今一度」と叫んで、太刀《たち》の手柄《たがみ》[350]を握り、気魄《きはく》を籠めて再び挑んだが、鍛練《たんれん》不足は如何ともし難く、太刀の重みに負けて、不覚にも床に一寸程の刀疵《かたなきず》をつけてしまつた。斯様《かよう》にては、天皇陛下のお役に立たざりと深く省み、練磨をさを怠《おこた》らざることを心に誓つた。

大君の醜《しこ》の御楯《みたて》と起つがため猛き武《たけぶ》を練《ね》る武道稽古会
眼《め》の前に立てる巻藁睨《まきわらにら》まへて布都《ふつ》と打ち断《た》つ仇敵《あだがたき》とて
師の佩《は》ける太刀の手柄《たがみ》を握《とりしば》り御稜威《みいつ》のもとに仇叩《あだたた》き斬《き》る

（筆者歌集『御楯の露』より）

実際に日本刀で巻藁を斬ることを試みて、殊《こと》の外《ほか》間合ひが近いことに驚愕《きょうがく》した。確かに近間でなければ斬り得ない。しかし、自らが敵を斬る間合ひに入った時、既に自らも斬られる間合ひにゐることを体験から実感した。茲《ここ》に於て、真に国賊を討ち果たす覚悟がなければこの間合ひには到底入れないであらう。我々の武道修練の眼目《がんもく》は「天皇陛下のお役に立つ日本人たるべき自覚を弥益々《いやますます》高める」処にある。而して、天皇陛下を守護し奉る以外に武道の拠《よ》つて立つ処《ところ》はないのである。

（平成十一年十一月『道の友』）

広大無辺なる天皇の御光を仰ぎ奉る

昭和初年の話である。共産党員、或いはその急進派であつたと記憶してゐるが、奸《かん》謀《ぼう》[351]を企み検挙された者が、獄中でその信条を百八十度転換したといふ。所謂《いわゆる》天皇制の打倒を叫んでゐた者が、一夜にして己が心の最深処《さいしんしょ》から陛下をお慕《した》ひ申し上げる立場に転じたのである。洵《まこと》に驚愕《きょうがく》[352]の極みである。そして、その転向の動機を知つた私は、嘗て味はつたことのない感動に身を震はせた。

転向の動機は、所謂天皇制を打倒しようとしてゐる彼らに対して、行幸された陛下が「卿《けい》等」とお呼びかけになられた御一語によるといふのである。現代の我々には耳慣れない言葉だが、「卿《けい》」といふのは敬称である。陛下の御身《おんみ》を無き者にせむと目論《もくろ》む彼らを、陛下は「卿等（あなたがた）」と仰《おお》せになられたのである。しかも、国賊中の国賊である囚人《しゅうじん》一人一人に身の上を気遣ふ御言葉をかけられたといふ。その瞬間、彼らは愕然《がくぜん》[353]として、尊き天皇の御本質を仰いだに違ひない。

天皇陛下の御本質は例へて申し上げるならば太陽のやうな御存在である。総《すべ》ての存在に遍《あまね》く御光《みひかり》を与へられる。そこには、善人・悪人の差別は無い。日の神天照大御神の御子孫に坐しますが故である。誠に畏き限りである。

大東亜戦争終戦直後の昭和二十年九月二十七日、昭和天皇が初めて占領軍総司令官マツカーサーにお会ひになられたときに仰せになられた御言葉は、今や広く世に知られてゐる。昭和天皇は、「敗戦に至つた戦争の、いろいろの責任が追求されてゐるが、責任は全て私にある。文武百官《ぶんぶひゃっかん》は私の任命するところだから、彼らに責任はない。私の一《いっ》身《しん》はどうならうと構はない。私はあなたにお委《まか》せする。この上はどうか国民が生活に困らぬやう、連合国側の援助をお願ひしたい」と仰せになられたのである。誠に恐れ多いことではないか。この事実を知る日本人がなべてさうであるやうに、筆者もまた、この御言葉を何度も読み返しては感涙《かんるい》に噎《むせ》ぶ。そして、驚くべきは、彼《か》のマッカーサーもまた例外ではなかつたのだ。彼は後に、「私は天皇のその慈悲《じひ》深き神のやうな存在の前に跪《ひざまず》きたくなつた」と当時を回想して述べてゐる。寸鉄《すんてつ》[354]を帯《お》び給ふことなき陛下の御前に占領軍総司令官が慴伏《しょうふく》[355]したのである。私はここに、広大無辺《こうだいむへん》[356]なる天皇の御光《みひかり》を仰ぎ、また、真の武人の姿を拝し奉つた。

絶対不動の御存在

日本国憲法第一条に、「天皇は、日本国の象徴であり日本国民統合の象徴であつて、この地位は、主権の存する日本国民の総意に基く」とある。今や反日政党や非民族的連中を除く多くの国民は、現行憲法の改正を念願してゐる。しかし、改憲議論の焦点《しょうてん》は専《もっぱ》ら「憲法第九条」であり、急進的改憲派といはれる国会議員でさへも、日本国憲法のもつ窮極的《きゅうきょくてき》な問題に言及する人はゐない。右に引いた第一条が如何に我国の国体を蹂躙《じゅうりん》するものであるかを指摘せぬ改憲など有り得ないのである。天皇は日本国の象徴でもなければ日本国民統合の象徴でもない。肇国《はつくに》[357]以来、天《あめ》の下《した》知《し》ろしめ[358]さるる御存在として坐《ま》しますのである。「主権は国民にある」といふやうな臣の分を弁《わきま》へぬ無道は断じて許されないのである。「天皇の地位は国民の総意に基く」とは無礼千万である。天の下知ろしめさるる天皇の御存在は絶対不動なのである。燦《さん》として輝《かがや》く太陽の御光は永遠なのである。父祖たちがその命を積み重ねて守り続けてきた我が国体を、我々もまた全生命を懸けて守り貫き、子子孫孫に伝へてゆかねばならないのである。

「命を賭して国のために戦ふ」と豪語《ごうご》しながらも、「天皇に対して特別な感情はない」など頓珍漢《とんちんかん》なことを言ふ者もゐるが、これでは困る。肇国以来一貫して変はらない我国の国柄を無視した愛国心など本当の愛国心ではない。却つて害があるといふものだ。いざといふ秋《とき》に真の戦闘力を最大限に発揮して戦ひ抜くためには、先づ、我が祖国「日本」を知ることから始めなければならない。一冊、二冊の本を読んで満足してゐるやうでは駄目だ。必死で学ばねばならない。そして、識《し》ることに終止せず、自ら国体意識を持つことだ。皇国臣民としての自覚こそ愛国心の根幹なのである。そして、真の愛国心が育まれてこそ、本物の戦闘力が備はるといふものだ。

占領憲法を即刻破棄して、民族の伝統に則した自主憲法を制定するのは国政の急務である。そして、一刻も早く真の国軍を再建させなければならない。それまでは、堪《た》へ難《がた》きを堪へ、忍び難きを忍び、隊員の国体意識の絶対化に狂進《きょうしん》しようではないか。

（平成十六年六月『言靈』）

をはりに

国防の根本的問題は何か。先づ第一に挙げられるのが憲法第九条であらう。「日本国憲法」第二章（戦争の放棄）第九条には「戦争の放棄《ほうき》と戦力及び交戦権の否認」について記されてゐる。つまり、第一項で「（前略）国権の発動たる戦争と、武力による威嚇《いかく》、武力の行使は、国際紛争を解決する手段としては、永久にこれを放棄する」とし、第二項には「（前略）陸海空軍その他の戦力は、これを保持しない。国の交戦権は、これを認めない」とある。日本国憲法を真面《まとも》に読めば、自衛隊が憲法違反であることは明白である。この矛盾に満ちた自衛隊の存在を同条の拡大解釈で容認させ、自衛隊の存在が世に認められてその活動が評価されてゐるのを好《い》い事に、為政者《いせいしゃ》たちは憲法改正への努力を放棄してゐるのが現状ではないだらうか。

昨年のロシアのウクライナ侵攻により、流石に日本政府も危機感を抱《いだ》いたのか、漸《よう》く国防の重要性を感じ始め、防衛能力の強化を宣《せん》したやうである。しかし、まだまだ甘っちよろい。核兵器を保有してゐないがゆゑにロシアに反撃できないウクライナのあの惨《さん》状《じょう》を見ても、一向に核武装についての議論がなされないのは一体どういふことだらうか。

今こそ国防の在り方について真剣に考へ、国民が一丸となつて国防に取り組まねば、近い将来何処その国に付け込まれ、ウクライナの二の舞を踏むことになるだらう。さうなる前に国民は一致団結して更なる国防の強化を叫び、腰抜けの為政者たちの尻を叩かなければならないのである。昭和の時代、「国民に背を向けられた自衛隊」が如何に虚《むな》しく脆《もろ》い存在であるかを嫌といふほど実感してきた筆者は、国民の鞏固《きょうこ》なる国防精神に支へられた自衛隊の実現を念願して止まないのである。

ただ、本書の中で繰り返し述べてゐるやうに、憲法が改正されて自衛隊の存在が明記されても、或いは民族の伝統に則した自主憲法が制定されて国軍が再建されようとも、陸海空二十五万の自衛官の精神が今のままでは国を護ることなどできないと私は断言する。だからこそ、戦《いくさ》の庭に立つべき自衛官の精神教育が喫緊必須《きっきんひっす》なのであるが、国防意識が皆無若《も》しくは薄弱《はくじゃく》なる自衛官に対する国防精神の涵養《かんよう》は一筋縄では行かない。だが、彼らが自分たちの生まれ育つた日本といふ国が如何なる国であるかを知りたいと思ひ始め、軈《やが》て国柄を知るに至り、そこに尊さ、ありがたさを感じ、或いは喜びに満ち溢れ、遂に、命を懸けて守りたい、守らねばならないといふ信条に達し、鞏固なる国防精神を堅持するに到るまで、私は彼らと共にありたいと思ふ。本書がその一助となることを期待するものである。

筆者はこの春から東京都青梅市今井に鎮座《ちんざ》する大東《だいとう》神社に奉職《ほうしょく》してゐる。昭和の御代《みよ》十四年、大東塾を創立された影山正治塾長は、昭和維新運動に挺身《ていしん》すると共に、「無窮《むきゅう》の勤皇《きんのう》」の村建設を発願し、「大東農場」を開設。大東霊園、神饌田《しんせんでん》を造成し終へた昭和五十四年四月一日、勤皇村発願当初からの念願であつた「大東神社」御鎮座大祭が厳修されたのである。

影山塾長は、大東神社御鎮座祭から間もない五月二十五日、「一死以て元号法制化の実現を熱禱しまつる」と遺書を認め、「身一つをみづ玉串とささげまつり御代《みよ》を祈らむみたまらとともに」「民族の本《もと》ついのちのふるさとへはやはやかへれ戦後日本よ」と辞《じ》世《せい》を詠まれ、十四士之碑の後方丘上で割腹自決されたのである。

筆者は十七歳の時、影山正治大人の著書『維新者の信條』に出逢ひ、それを通して多くを学んだ。軈《やが》て大東塾・不二歌道會に繋がることとなり、歿後《ぼつご》の門人として、その御教への随《まにま》に自衛隊内の維新を実現せむと堕落《だらく》した組織と戦ひ続け、隊員たちに「皇居防衛」「天朝守護」の絶対的使命を説き、その気運の醸成《じょうせい》に務めてきた心算《つもり》である。そして、自衛隊を定年退官して神社に奉職した今も、隊員たちを教導し意識の改革を図ることを諦めてはゐない。それゆゑに、無学にして筆才《ひっさい》無き身ではあるが、恥《はじ》を忍んで本書を出版した次第である。

本書は、平成七年頃から令和三年の退官までに書き散らしたものの中から、特に若い隊員たちに読んで欲しい内容のものを選んで一つに纏めたものである。この度単行本にするに当たり、明らかな誤りは直したが、文章の大意に変はりはない。また、各章ごとに内容を区分したが、編輯上必ずしも年代順にはなつてをらず、その点は、各文末に附した脱稿年月を参考にお読み戴きたい。

本書の編輯にあたり、校正の労を執つて戴いた不二歌道會の福永武代表をはじめ、事務局の清水明彦氏、細見祐介氏には深甚の感謝を申し上げたい。また、本書の内容に相応しい書名を付けて戴きあらためて感謝申し上げる次第である。そして、歌集『御楯の露』についで、本書の出版を快くお引き受け戴き、拙著を立派に仕上げて下さつた展転社社長荒岩宏奨氏に衷心より御礼を申し上げて擱筆《かくひつ》する。

皇紀二千六百八十三年・令和五年水無月の晦日の大祓に

草莽微臣　原口正雄識

語釈

1 蹂躙《じゅうりん》 踏み躙《にじ》る。暴力や権力によって他の権利を侵したり、社会の秩序を乱すこと。

2 企図《きと》 企てる。

3 合点《がてん》 事情を理解すること。納得。

4 遺憾《いかん》 残念なさま。

5 万葉集《まんようしゅう》 大伴家持《おおとものやかもち》らが編纂《へんさん》に携《たずさ》はった全二十巻の歌集。仁徳朝《にんとくちょう》（第十六代）から淳仁朝《じゅんにんちょう》（第四十七代）までの和歌四五〇〇首を収める。奈良時代末期に成立。

6 遜色《そんしょく》 劣つてゐること。見劣り。

7 賀歌《がのうた》 長寿を祝ふ歌。算賀《さんが》の歌。

8 紀貫之《きのつらゆき》 平安前期の歌人・歌学者。古今和歌集の撰者の一人。

9 霊妙《れいみょう》 人知でははかり知れないほど素晴らしいこと。

10 反面教師《はんめんきょうし》 悪い見本として、かへつて見習ふべきもの。

11 禽獣《きんじゅう》 鳥やけだもの。鳥獣。

12 散見《さんけん》 あちらこちらに見えること。

13 真《まこと》しやか 本当でないのに、如何にも本当らしいさま。真実を装《よそお》ふさま。

14 奉戴《ほうたい》 君主として戴くこと。

15 生生化育《せいせいかいく》 自然が万物を生み育てること。

16 大磐石《だいばんじゃく》 しつかりしてゐて、少しぐらゐのことではびくともしないこと。大層大きな岩。

17 弥栄《いやさか》 いよいよ栄えること。

18 尊家《そんか》 相手を敬つてその家・家族をいふ語。

19 昂揚《こうよう》 心を高めること。高揚。

20 激甚《げきじん》 非常に激しいこと。甚《はなは》だしいこと。

21 神嘉殿《しんかでん》 皇居皇霊殿の西に南面する殿舎。新嘗祭・神嘗祭《かんなめさい》をここで行ふ。

22 御座《ぎょざ》 天子様（天皇陛下）がお座りになる席。玉座《ぎょくざ》。御座《おまし》。

23 陵《みささぎ》 天皇または三后《さんこう》（皇后《こうごう》・皇太后《こうたいごう》・太皇太后《たいこうたいごう》）の墓。御陵《ごりょう》。

24 日本書紀 日本最初の勅撰《ちょくせん》の歴史書。舎人親王《とねりしんのう》らの撰《せん》。神代《じんだい》から持統《じとう》天皇までの歴史を記述。

25 皇霊殿《こうれいでん》 皇居内庭の吹上御苑《ふきあげぎょえん》に奉祀《ほうし》されてある三つの神殿（宮中三殿《きゅうちゅうさんでん》）の一つ。歴代天皇の神霊《しんれい》を祀《まつ》る西殿。

26 御歴代《ごれきだい》 歴代の天皇。

27 宮 中《きゅうちゅう》 皇居の中。

28 大祭《たいさい》 皇室祭祀《さいし》に於て天皇御親《おんみずか》ら執り行ふ祭。

29 崩御《ほうぎょ》 天皇・皇后・皇太后・太皇太后を敬つてその死をいふ語。

30 御聖徳《ごせいとく》 天子様（天皇陛下）の徳。

31 恢弘《かいこう》 広めて大きくする。

32 五穀《ごこく》 米、麦、粟《あわ》、黍《きび》、豆の五種の穀物《こくもつ》。穀物の総称。

33 豊穣《ほうじょう》 穀物がよく実ること。

34 聞《き》こし召《め》す 召し上がる。

35 御降誕《ごこうたん》 帝王、偉人、神仏などの誕生。

36 嘉辰《かしん》 めでたい日。吉日。

37 嘉日《かじつ》 めでたい日。佳日。

38 三等陸曹《さんとうりくそう》 陸上自衛隊における最下級の陸曹。旧陸軍における最下級の下士官（伍長《ごちょう》）に相当。

39 旗衛隊《きえいたい》 国旗の掲揚・降下を任務とする隊。

40 急峻《きゅうしゅん》 傾斜が急で険しいこと。

41 具申《ぐしん》 上級機関に計画・意見などを詳しく申し述べること。

42 言語道断《ごんごどうだん》 あまりにひどくて言葉も出ない。とんでもない。

43 訓令《くんれい》 方針や権限の行使などの基本に関する命令。

44 達《たつ》 職務事項の解釈・判断の具体的指針を示すために文書をもつて発する指示。

45 自明《じめい》の理《り》 証明するまでもなく明らかな道理。

46 蔑《なみ》する 蔑《ないがし》ろにする。侮《あなど》る。

47 嘯《うそぶ》く 平然として言ふ。

48 強弁《きょうべん》 道理に通らないことを無理に言ひ張ること。

49 天涯孤独《てんがいこどく》 広い世間に身寄りが一人もゐないこと。

50 大御言《おおみこと》 天皇のお言葉。みことのり。

51 御製《ぎょせい》 天皇がお作りになつた和歌。
52 宸襟《しんきん》 天子（天皇）のお心。
53 一朝《いっちょう》 重大な事態が起こつた場合を仮定する意を表はす。ひとたび。
54 背嚢《はいのう》 将兵が荷物を入れて背負ふ鞄《かばん》。
55 衣嚢《いのう》 衣類等を入れて持ち運ぶ鞄。
56 綿密周到《めんみつしゅうとう》 隅々まで細かく注意が行き届き、手抜かりのないさま。
57 形骸化《けいがいか》 意義が失はれ、形ばかりのものになつてしまふこと。
58 言霊《ことだま》 言葉に宿る不可思議な力。
59 九牛《きゅうぎゅう》の一毛《いちもう》 たくさんの中の極小部分。取るに足りないこと。
60 放擲《ほうてき》 うち捨てること。
61 逆臣《ぎゃくしん》 主君に背《そむ》く臣《しん》。謀反《むほん》を企む家来。
62 与《くみ》する 同意して仲間になる。味方する。力を貸す。
63 無禄《むろく》 禄《ろく》（官に仕へる者に支給される手当）が無いこと。
64 顕彰《けんしょう》 功績などを讃《たた》へて、広く世間に知らせること。
65 具現《ぐげん》 具体的に現はすこと。
66 醸成《じょうせい》 ある気運・情勢などを次第に作り上げてゆくこと。醸《かも》し出すこと。
67 銃後《じゅうご》 戦線の後方。転じて、直接は戦争に参加してゐない一般国民。
68 蝨《しらみ》 シラミ目《もく》の昆虫《こんちゅう》の総称。体長一～四ミリメートル。長楕円形《ちょうだえんけい》、偏平《へんぺい》（平たいさま）で羽がない。

哺乳類《ほにゅうるい》に外部寄生して吸血する。人間に寄生《きせい》するものにヒトジラミとケジラミがあり、いづれも吸血して激しい痛みを与へ、発疹《はっしん》・チフス・回帰熱《かいきねつ》などの感染症を媒介《ばいかい》する。

69 枝葉末節《しようまっせつ》　主要でない部分。細かい部分。

70 正道《せいどう》　人間としての道理にかなつた正しい道。道理にかなつた正しいやり方。

71 口舌《こうぜつ》　口先。上辺だけの言葉。

72 生来《せいらい》　生まれついての性質。

73 仁侠《にんきょう》　弱い者を助け、強い者を挫《くじ》き、義のためには命を惜しまないといふ気風。男気。「仁侠映画」は所謂《いわゆる》やくざ映画。

74 渡世人《とせいにん》　やくざ。

75 割愛《かつあい》　惜しいと思ひながら、捨てたり省略したりすること。

76 黄泉国《よみのくに》　死んでから行くといはれてゐる世界。幽界《ゆうかい》。

77 同胞《どうほう》　祖国を同じくする者同士。同じ国民。

78 重宝《ちょうほう》　便利でよく使ふこと。

79 父祖《ふそ》　先祖。

80 破廉恥《はれんち》　人として恥づべきことを平気ですること。人倫《じんりん》・道義に反すること。恥知らず。

81 不逞《ふてい》　勝手に振る舞ふこと。道義に従はないこと。

82 陋習《ろうしゅう》　悪い習慣。悪習。

83 教範《きょうはん》　自衛隊の教育の規範となるもの（軍事教練の教科書）。

84 便宜上《べんぎじょう》　その方が都合がよいといふ事情。

85 憚《はばか》**る**　差し障《さわ》りがあるとして差し控へる。遠慮する。

86 北洋艦隊《ほくようかんたい》　清末の新式海軍。李鴻章によつて作られ、海軍の主力として勢威を誇つたが、日清戦争で惨敗した。

87 旗艦《きかん》　艦隊の司令官・司令長官が乗つてゐて、艦隊の指揮をとる軍艦。マストに司令官・司令長官の官階（官職の階級）を示す旗を掲げる。

88 東郷平八郎《とうごうへいはちろう》　海軍軍人。元帥《げんすい》・大将。薩摩《さつま》の人。日露戦争の際、連合艦隊司令長官として日本海海戦を指揮し、当時世界最強を誇つたバルチック艦隊を破つた。

89 軍紀《ぐんき》　軍隊に於て守るべき規律や風紀。

90 都《みやこ》**落**《お》**ち**　都にゐられなくなつて地方に行くこと。

91 磐石《ばんじゃく》　非常に堅固《けんご》なこと。安定してゐて動かないこと。

92 井戸端会議《いどばたかいぎ》　共同で使ふ井戸・水道などの周りで、近所の女たちが水汲みや洗濯に集まつて世間話や噂《うわさ》話をすることを揶揄《からか》つて言つた言葉。主婦たちが家事の合間に集まつてするお喋《しゃべ》り。

93 近衛兵《このえへい》　近衛師団の兵。天皇陛下を守護し奉る兵士。

94 一尋大《ひとひらだい》　「尋」は、両手を左右に広げたときの、一方の指先から他方の指先までの距離。長さの単位として用ゐる。一尋は六尺（約一・八メートル）。

95 揮毫《きごう》　筆を揮《ふる》ふの意。文字や書画を書くこと。

96 等閑《なおざり》 真剣でないこと。いい加減にして、放っておくこと。

97 喧伝《けんでん》 盛んに言ひ立てること。

98 片手落《かたてお》**ち** 一方に対する配慮が欠けてゐること。不公平。

99 輦下《れんか》 皇都《こうと》。天子の御車のもと。御膝下《おひざもと》。

100 千軍万馬《せんぐんばんば》 多くの軍兵と軍馬。戦闘の経験が豊富であること。

101 整々《せいせい》 整正。整然。容姿が整ひ秩序正しいこと。

102 独歩《どっぽ》 一人だけで歩くこと。優れて横に並ぶものがない。

103 胆勇《たんゆう》 「胆《たん》」は肝《きも》が据《す》わってゐること。大胆《だいたん》であること。ものに動じない勇気があること。

「勇」は武勇、即ち我国古来の尚武《しょうぶ》の精神。真の勇気。

「武勇には大勇《たいゆう》あり小勇《しょうゆう》ありて同じからず。血気にはやり粗暴《そぼう》の振舞などせむは武勇とは謂《い》ひ難《がた》し。軍人たらむものは、常に能《よ》く義理を弁《わきま》へ、能く胆力《たんりょく》を練り、思慮《しりょ》を殫《つく》して事を謀《はか》るべし。小敵《しょうてき》たりとも侮《あなど》らず、大敵《たいてき》たりとも懼《おそ》れず、己が武職《ぶしょく》を尽さむことこそ誠の大勇《たいゆう》にはあれ。(『軍人勅諭』)」

104 信義《しんぎ》 真心をもつて約束を守り、相手に対するつとめを果たすこと。

「信とは己が言を践行《ふみおこな》ひ、義とは己が分を尽くすをいふなり(『軍人勅諭』)」

105 出典《しゅってん》 引用した語句などの出所である書物。典拠《てんきょ》。

106 覚書《おぼえがき》 必要な事項を忘れないやうに書き留めた書き付け。メモ。

107 **皇都**《こうと》 天皇陛下がお住まひになる都。

108 **御膝下**《おひざもと》 身分の高い人のゐる所。天子の御座《おわ》す所。帝都。皇居。

109 **行幸**《ぎょうこう》 天皇陛下の御出座《おでま》し。みゆき。行き先が二か所以上の場合は「巡幸」といふ。「行啓」は、三后（太皇太后・皇太后・皇后）、皇太子、皇太子妃、皇太孫がお出かけになること。

110 **御召車**《おめしぐるま》 お乗りになる御車。

111 **供奉**《ぐぶ》 天皇陛下の御供《おとも》の行列に加はること。

112 **専一**《せんいつ》 第一であること。随一《ずいいち》であること。

113 **記紀**《きき》 古事記と日本書紀。

114 **神武天皇**《じんむてんのう》 第一代天皇。御名は神日本磐余彦尊《かむやまといわれびこのみこと》。橿原《かしはら》の宮に即位《そくい》遊ばされた。

115 **東征**《とうせい》 軍隊を東進させ敵を征伐《せいばつ》すること。日向《ひむか》（宮崎県）から瀬戸内海を経て東進し、大和《やまと》（奈良県）を平定したこと。

116 **大伴物部**《おおともものべ》 大伴・物部共に古代の有力氏族。軍事を司り、大和朝廷では大連《おおむらじ》の地位。

117 **中国**《なかつくに》 「葦原《あしはら》の中つ国」の略。日本の国土。

118 **高御座**《たかみくら》 天皇の御位《みくらい》。天位。

119 **御軍**《みいくさ》 天皇の軍隊。

120 **大化**《たいか》 公式年号の最初。孝徳天皇の御代。

121 **前代**《ぜんだい》 前の時代。「大化前代」は「大化の改新より前の時代」。

122 **靫**《ゆき》 矢を入れて背に負ふ武具。

123 **令制《りょうせい》** 律令制《りつりょうせい》のこと。「律令制」とは、大宝律令、養老律令《ようろうりつりょう》に規定された諸制度。またそれにより運営される政治体制。「律」は刑法、「令」は行政法ゆゑ、「令制」は、行政に関はる諸制度のこと。

124 **登庸《とうよう》** 登用。人を官職などに取り立てて用ゐること。

125 **授刀衛《じゅとうえい》** 奈良時代に宮中警護、行幸の警備に当たつた令外《りょうげ》の官。後に近衛府と改称。

126 **孝謙天皇《こうけんてんのう》** 第四十六代天皇。聖武《しょうむ》天皇の皇女《こうじょ》。重祚《ちょうそ》して称徳《しょうとく》天皇。

127 **上皇《じょうこう》** 天皇が御譲位《ごじょうい》遊ばされた後の尊称。

128 **御親兵《ごしんぺい》** 明治四年、天皇警護のために編成された軍隊。翌年、近衛兵に改称。

129 **薩摩《さつま》** 旧国名の一つ。鹿児島県西部にあたる。薩州《さっしゅう》。

130 **長州《ちょうしゅう》** 旧国名長門の別名。山口県の北部・西部に相当。

131 **土佐《とさ》** 旧国名の一つ。高知県全域を占める。土州。

132 **都督《ととく》** 統率し監督すること。全軍を統率する人。総大将。

133 **西郷隆盛《さいごうたかもり》** 薩摩（鹿児島県）藩士。維新の三傑《さんけつ》の一人。文政十年生れ。通称吉之助、南洲《なんしゅう》と号した。十八歳で郡方書役《こおりかたかきやく》となつた。藩主島津斉彬《なりあきら》に抜擢《ばってき》され江戸に下り、藤田東湖《とうこ》、橋本左内《さない》等と交遊し尊攘《そんじょう》運動に活躍した。安政の大獄では月照《げっしょう》と共に入水《じゅすい》したが蘇生《そせい》して大島に流された。在島三年余、赦《ゆる》されて帰り、島津久光に随行《ずいこう》して上京したが、途中自由行動を取つたため久光の忌諱《きい》にふれ徳之島に流され、のち沖永良部島《おきのえらぶじま》に移された。在島二年、許されて上京、禁門《きんもん》の変《へん》では宮廷を守つて長州勢を破つた。次いで征長役参謀《さんぼう》となり、長州藩を謝罪せしめ撤兵した。その後薩長連合が成立して討幕に踏み切った。皇政復古後、鳥羽伏見で幕府軍を破り、次いで東征軍参謀として東下、江戸開城、彰義隊《しょうぎたい》の鎮圧《ちんあつ》、東北戦争を指導した。明治二年帰国したが、四年勅命《ちょくめい》により上京、参議となり、親兵を指導し、廃藩置県を断行した。征韓論《せいかんろん》の起こるや、自ら遣韓大使《けんかんたいし》として渡韓問罪《とかんもんざい》に当たらむとしたが、大久保利通《としみち》、岩倉具視《ともみ》の反対にあひ、辞職帰国した。七年私学校を創設。明治十年二月、佐賀、熊本、秋月、萩等に於ける同憂奮起の後を受けて薩南《さつなん》に旗を挙げたが、同年九月戦ひに破れて城山に陣歿《じんぼつ》した。

134 **山県有朋《やまがたありとも》** 軍人・政治家。長州藩出身。維新後、欧州の兵制を視察し、徴兵令の制定に当たり、陸軍の創設に活躍した。初代参謀《さんぼう》本部長。のち陸相・内相・首相を歴任。典型的な藩閥政治家として明治政府を主導した。

135 **禁闕《きんけつ》** 皇居の御門。皇居。

136 **鳳輦《ほうれん》** 天皇の乗り物の総称。

137 **終戦《しゅうせん》の大詔《たいしょう》** 昭和二十年八月十四日下賜《かし》の「終戦の詔書《しょうしょ》」。

138 **禁衛府《きんえいふ》** 禁中（皇居）を衛《まも》ることを任務とした役所。

139 **防衛二法《ぼうえいにほう》** 防衛庁設置法及び自衛隊法の総称。平成十九年、防衛省発足により「防衛省設置法」に改称。

140 **大人《うし》** 師や学者または先人を尊敬していふ語。

141 **無窮《むきゅう》** 永遠。きはまりないこと。

142 **排覇**《はいは》　武力で治めること（幕府）を退《しりぞ》ける。

143 **公卿**《くぎょう》　朝廷に仕へる身分の高い者。

144 **国学**《こくがく》　古事記、万葉集などの日本の古典を研究して、日本固有の思想・精神を究めようとする学問。

145 **法衣**《ほうえ》　僧が着る衣服。

146 **沐浴**《もくよく》　体を洗ひ清めること。

147 **参籠**《さんろう》　一定の期間籠《こも》つて祈願すること。

148 **潜行**《せんこう》　人目につかないやうに行くこと。密かに活動すること。

149 **隠匿**《いんとく》　追はれてゐる人などをこつそり隠しておくこと。匿《かく》まふ。

150 **幕吏**《ばくり》　幕府の役人。

151 **兇幕**《きょうばく》　兇悪な幕府。

152 **粟**《ぞく》　穀物。食糧。

153 **神明**《しんめい》　神。

154 **橋梁**《きょうりょう》　橋。

155 **浮体**《ふたい》　浮力によつて（背嚢を）浮かす物。ペットボトルやビニール袋など。

156 **忠節**《ちゅうせつ》　天子様（天皇陛下）に対し奉り忠実な誠意を尽すこと。

157 **技芸**《ぎげい》　武芸などの技。

158 **偶人**《ぐうじん》　木・石・金属などで作つた人形。木偶《でく》。

159 **隊伍**《たいご》　軍隊の列。隊を作つてきちんと並んだ組。また、その隊列。

160 節制《せっせい》 厳しい規律。

161 消長《しょうちょう》 衰へることと、栄えること。

162 国運《こくうん》 国の運命。

163 盛衰《せいすい》 盛んになることと、衰へること。

164 鴻毛《こうもう》 おほとり（鳥の一種）の毛。非常に軽いものの譬《たと》へ。

165 操《みさお》 自分の信念を守つて変はらないこと。

166 元帥《げんすい》 元帥府に列せられたる大将。

167 一卒《いっそつ》 兵卒。最も下級の兵士。最下級の軍人。

168 統属《とうぞく》 一つに纏《まと》めて戒めること。本《もと》を正して戒めること。

169 停年《ていねん》 旧陸海軍で、同一の官等に服務しなければならない最低年限。これを過ぎなければ上級の官等に進級できなかつた。実役停年。

170 朕《ちん》 天皇陛下の自称。

171 義《ぎ》 君臣の間で守るべき道。意味。意義。

172 軽侮《けいぶ》 相手を見下して馬鹿にすること。軽蔑《けいべつ》。

173 驕傲《きょうごう》 驕《おご》り高ぶること。高ぶつて無礼な振る舞ひをする。

174 王事《おうじ》 臣下の天子（天皇陛下）に対する労役・勤務。

175 和諧《わかい》 仲良くする。

176 蠹毒《とどく》 「蠹」は樹木のしんを食ふ虫のこと。しみ（虫の名）が物を食ひ破る害をいふ。物事に害を及ぼすこと。

177 **武勇**《ぶゆう》 武術に優れ、強く勇ましいこと。

178 **臣民**《しんみん》 皇国の民。天皇陛下に仕へ奉る国民。

179 **大勇**《たいゆう》 真の勇気。大事に当たつて出す勇気。

180 **小　勇**《しょうゆう》 感情的な一時の勇気。つまらない勇気。

181 **血気**《けっき》 旺盛《おうせい》な活動意欲。物事に激しやすい盛んな意気。血の気。

182 **胆力**《たんりょく》 物事に恐れない気力。

183 **豺狼**《さいろう》 ヤマイヌとオホカミ。乱暴で無情な人間の譬《たと》へ。

184 **審**《つまび》**らか** 事細かなさま。詳しいさま。

185 **朧**《おぼろ》**気**《げ》 曖昧《あいまい》なこと。はつきりしないこと。確かでないこと。

186 **仮初**《かりそめ》 その場だけのもの。間に合はせ。軽々しいさま。

187 **諾**《うべな》**ふ** 承諾する。服従する。認める。

188 **順逆**《じゅんぎゃく》 道理に合つてゐることと、背《そむ》いてゐること。

189 **小節**《しょうせつ》 取るに足りない義理。些細《ささい》なこと。ちつぽけなこと。

190 **大綱**《たいこう》 物事の根本的なことがら。

191 **質素**《しっそ》 贅沢《ぜいたく》でないこと。飾り気がなく地味で慎ましいこと。

192 **文弱**《ぶんじゃく》 学問や芸術に凝り、気性が弱々しいこと。

193 **趨**《はし》**る** 目的をめがけてゆく。赴《おもむ》く。

194 **驕奢**《きょうしゃ》　驕《おご》つて贅沢《ぜいたく》をすること。
195 **華靡**《かび》　派手なこと。
196 **貪汚**《たんお》　欲張りで心が汚いこと。
197 **無下に**《むげ》　一概《いちがい》に。無闇に。
198 **節操**《せっそう》　自分の信念や貞操を守つて変はらないこと。
199 **士風**《しふう》　兵士の気風。兵士の風紀。
200 **兵気**《へいき》　兵士の元気。士気。
201 **頓に**《とみ》　急に。俄《にわか》に。
202 **免黜**《めんちゅつ》　官職を辞めさせ、その地位から退けること。
203 **条例**《じょうれい》　法令。
204 **略**《ほぼ》　ほぼ。あらまし。
205 **ゆめ**　決して。必ず。（※禁止の意を表す語を伴つて、それを強める）
206 **な…そ**　…するな。（※その動作を禁止する）
207 **恐懼**《きょうく》　恐れ畏《かしこ》むこと。
208 **口渇**《こうかつ》　喉の渇き。
209 **無道**《むどう》　人の道に背いた酷い行ひ。
210 **前哨**《ぜんしょう》　敵情を偵察したり、敵の奇襲を防ぐために前方に配置する部隊。
211 **不沈空母**《ふちんくうぼ》　航空基地のある島嶼《とうしょ》を絶対に沈まない航空母艦にたとへた言ひ方。

212 **要衝**《ようしょう》　重要な場所。要地。

213 **緊要**《きんよう》　非常に大切なこと。

214 **兵站**《へいたん》　戦場の後方にあつて、作戦に必要な物資の補給や整備・連絡などにあたる機関。

215 **艦砲射撃**《かんぽうしゃげき》　軍艦に装備する砲の射撃。

216 **懸隔**《けんがく》　二つの物事の間に大きな隔《へだ》たりがあること。懸《か》け離れてゐること。

217 **御歌**《みうた》　皇后のお作りになつた和歌（皇族のお歌）。

218 **裁決**《さいけつ》　物事の理非を考へて、上司が決定を下すこと。

219 **旺盛**《おうせい》　気力が充実して、盛んであること。

220 **敢闘**《かんとう》　全力をふるつて勇ましく戦ふこと。

221 **実相**《じっそう》　実際のありさま・事情。

222 **熾烈**《しれつ》　勢ひが盛んで激しいさま。

223 **間隙**《かんげき》　合間。途切れた短い時間。

224 **壊滅**《かいめつ》　組織・機構がすつかり壊れて無くなること。

225 **閉塞**《へいそく》　ある部分を閉ぢて塞ぐこと。

226 **竪坑**《たてこう》　たてに掘った穴。

227 **穿つ**《うが》　穴をあける。貫き通す。

228 **黄燐**《おうりん》　リンの同素体。白色半透明の蝋状《ろうじょう》の固体。水には殆ど溶けないが、二酸化炭素やベンゼンによく溶ける。暗闇で青白い燐光《りんこう》を発し、摂氏《せっし》五十五度で発火。猛毒。

229 **玉砕**《ぎょくさい》 大義に殉《じゅん》じること。

230 **粉骨砕身**《ふんこつさいしん》 力の限り努力すること。

231 **皇土**《こうど》 天皇陛下がお治めになる国土。

232 **魂魄**《こんぱく》 死者の魂。霊魂。「魂」は精神を、「魄」は肉体を掌《つかさど》る魂。

233 **捲土重来**《けんどちょうらい》 敗れた者が再び勢ひを盛んにして攻めてくること。一度失敗した者が再び勢力を盛り返してくることの譬《たと》へ。「捲土」は土煙を捲き上げることから、勢ひが盛んであるさま。「重来」は重ねて来ること。

234 **魁**《さきがけ》 先頭に立ち、敵陣に攻め込むこと。

235 **冤罪**《えんざい》 無実の罪。

236 **刑戮**《けいりく》 刑罰に処すること。死刑。

237 **罪刑法定主義**《ざいけいほうていしゅぎ》 如何なる行為が犯罪となるか、それに如何なる刑罰が科せられるかは既定の法律によつてのみ定められるといふ刑法の基本原則。

238 **殉難**《じゅんなん》 国家のために一身を犠牲にすること。

239 **合祀**《ごうし》 二柱以上の神や霊を一神社に合はせ祀ること。

240 **敬虔**《けいけん》 神を深く敬ひ慎むさま。

241 **謬見**《びゅうけん》 間違つた意見。誤つた考へ。

242 **抵触**《ていしょく》 法律・規定などに触れること。違反。

243 **手水**《てみず》 神社の社頭にある御手洗《みたらし》などで手を洗ひ口を漱《すす》いで清めること。

244 **修祓**《しゅばつ》　神事《しんじ》を執り行ふのに先立つて祓ひ清めること。

245 **玉串**《たまぐし》　榊《さかき》の小枝に麻《あさ》と四手《しで》を着けたもの。玉串は魂串《たまぐし》の意で、榊に自分の魂をつけて捧げることを示すものである。

246 **義憤**《ぎふん》　道義に外れたことに対して感じる憤り。

247 **捧持**《ほうじ》　捧げ持つこと。

248 **涙淵**《るいえん》　溢《あふ》れる涙の思ひの深さを淵にたとへた語。

249 **暗涙**《あんるい》　人知れず流す涙。密かに流す涙。

250 **爾来**《じらい》　それ以来。その後。

251 **恫喝**《どうかつ》　脅して怯えさせること。

252 **逡巡**《しゅんじゅん》　決断を躊躇《ためら》ふこと。

253 **先達**《せんだつ》　先輩。後輩を導く人。

254 **闊歩**《かっぽ》　堂々と歩くこと。

255 **皇御軍**《すめらみいくさ》　天皇の軍隊。皇軍。

256 **徽章**《きしょう》　特技などの資格を表はすために、制服等に着ける徽《しるし》。バッジ。

257 **徴兵制**《ちょうへいせい》　国民に兵役義務を課し、軍隊に編入（後から組み入れる）する制度。

258 **醜悪**《しゅうあく》　心や行ひがさもしく見苦しい。

259 **蒐集**《しゅうしゅう》　研究などのために、ある種の物や資料をたくさん集めること。収集。

260 **基本教練**《きほんきょうれん》　部隊行動の基礎となる隊員の諸動作を訓練する課目。「不動の姿勢」「整頓」「敬礼」「方向変換」「行進」など。

261 地図判読《ちずはんどく》 地図記号を覚えたり、等高線《とうこうせん》等から地形を判断できるやうに学ぶこと。

262 閲読《えつどく》 文書などを調べながら読むこと。

263 歩哨《ほしょう》 警戒・監視の任務につく兵士。

264 職種訓練《しょくしゅくんれん》 普通科・衛生科などの職種に応じた訓練。

265 弾倉《だんそう》 補充用の弾丸を込めておく容器。

266 黒圏《こっけん》 黒色の点。

267 空包《くうほう》 音だけが出るやうにした演習用の弾薬。

268 体《てい》たらく 特にひどいありさま。

269 矯正《きょうせい》 欠点などを正しく改めさせること。

270 装填《そうてん》 弾丸を込めること。

271 弾嚢《だんのう》 弾倉を収納・携行するための袋。

272 不測事態《ふそくじたい》 思ひがけない事態。

273 徒《いたずら》に 無駄で価値がないさま。

274 動《やや》もすれば 物事がとかくさうなりがちであるさま。どうかすると。

275 頸部《けいぶ》 首の部分。

276 教授予行《きょうじゅよこう》 訓練技術などを教へる教官のための予行演習。

277 防御《ぼうぎょ》 侵攻する敵から陣地を守ること。

278 **空理空論《くうりくうろん》** 実際と懸け離れてゐて役に立たない理論や理屈。

279 **無用《むよう》の長物《ちょうぶつ》** あつても役に立たず、却つて邪魔になるもの。

280 **触雷《しょくらい》** 機雷に触れること。陸上自衛隊では地雷を踏むことを「触雷」と呼び習はしてゐる。

281 **破砕《はさい》** 粉々に打ち砕くこと。

282 **殲滅《せんめつ》** 皆殺しにして滅ぼすこと。残らず滅ぼすこと。

283 **縦深《じゅうしん》** 奥行。

284 **実員《じついん》** 実際の人間。

285 **鵜《う》呑《の》み** 他人の考へや案を十分理解・批判せずに受け入れること。

286 **賢《さか》しら** 利口ぶること。如何にも解つてゐるやうに振る舞ふこと。

287 **枚挙《まいきょ》に遑《いとま》がない** いちいち数へあげることができないほど、その数が多い。

288 **好果《こうか》** 良い結果。

289 **払暁《ふつぎょう》** 夜明け。明け方。暁《あかつき》。黎明《れいめい》。

290 **至当《しとう》** 極めて当然であるさま。

291 **演習判断《えんしゅうはんだん》** 戦術的判断ではなく、自らに都合のよい非実戦的な判断。

292 **戒飭《かいちょく》** 人を戒めること。注意を与へて慎ませること。

293 **払拭《ふっしょく》** 除き去つて、きれいにすること。

294 **敏速《びんそく》** 素早いこと。

295 **腐心《ふしん》** 心を痛めて悩む。苦心。苦慮。

296 **功名心**《こうみょうしん》 手柄を立てて、名誉を手に入れようとする心。

297 **鞏固**《きょうこ》 (精神的なものが)強く固いさま。強堅《きょうけん》。

298 **奇特**《きとく》 珍しいさま。行ひが感心なさま。

299 **一過的**《いっかてき》 一時的。その場限り。

300 **交通三悪**《こうつうさんあく》 交通違反のうち特に悪質な違反の総称。無免許運転、飲酒運転、速度超過をいふ。

301 **曲射火器**《きょくしゃかき》 曲射する火砲。榴弾砲《りゅうだんぽう》・迫撃砲など。

302 **諤々**《がくがく》 喧しく喋りまくるさま。

303 **常在戦場**《じょうざいせんじょう》 いつも戦場にゐる気持ちで事に当たれ、といふ(武人の)心得の言葉。

304 **弾帯**《だんたい》 弾倉を収納・携行するための袋。

305 **供廻り**《ともまわ》 供をする人々。

306 **徒**《かち》 武士の身分の一。騎馬を許されぬ身分の低い武士。

307 **足軽**《あしがる》 戦闘に駆使される兵。江戸時代の武士の最下層。

308 **草履取り**《ぞうりと》 武家の下僕《げぼく》(召使《めしつか》ひの男)の一。主人の外出のとき草履を揃へ、替への草履を持つて供をした。

309 **骨幹**《こっかん》 物事の根幹。

310 **齟齬**《そご》 物事が食ひ違つて、意図した通りに進まないこと。

311 **錯誤**《さくご》 間違ひ。誤り。

312 **拙劣**《せつれつ》 下手であること。拙いこと。

313 **研鑽**《けんさん》 学問などを深く研究すること。

314 **因果関係**《いんがかんけい》 幾つかの事柄の関係において、一方が原因で他方が結果であるといふ繫がりがあること。

315 **急傾斜**《きゅうけいしゃ》 考へや状況がある方向に急激に向かふこと。

316 **祠官**《しかん》 神社に奉仕する神職。

317 **鎮台**《ちんだい》 明治初年、各地に駐在させた軍隊。

318 **驚天動地**《きょうてんどうち》 世間を非常に驚かせること。

319 **震撼**《しんかん》 ふるひ動かすこと。

320 **禄**《ろく》 官に仕へる者に支給される手当。

321 **士族**《しぞく》 明治二年、版籍奉還に伴ひ旧武士の家系の者に与へられた身分の呼称。

322 **粃政**《ひせい》 悪政。

323 **廃刀令**《はいとうれい》 明治九年、大礼服着用者・軍人・警察以外の帯刀を禁止した法令。

324 **布達**《ふたつ》 官公庁などが広く人々に知らせること。通達。

325 **帯刀**《たいとう》 刀を腰につけること。

326 **攘夷**《じょうい》 外国人を撃ち払つて国内に入れないこと。

327 **翫味**《がんみ》 物事の意義をよく考へ味はふこと。

328 **志操**《しそう》 主義や考へを固く守る意志。

329 **喜憂**《きゆう》 喜ぶことと憂へること。

330 **隠然**《いんぜん》 表面には表はれないが、陰で強い影響力を持つてゐるさま。

331 偵知《ていち》　様子を探つて知ること。探知。
332 秘匿《ひとく》　隠して他人に見せないこと。
333 刀槍《とうそう》　刀と槍。
334 白兵戦《はくへいせん》　刀剣・槍などをもつて、双方が入り乱れてする戦ひ。
335 濫用《らんよう》　濫《みだ》りに用ゐること。
336 造語《ぞうご》　新しい言葉を作り出すこと。
337 優渥《ゆうあく》　手厚い。
338 大御心《おおみこころ》　天皇陛下の御心。
339 御民《みたみ》　天皇の民。
340 教育勅語《きょういくちょくご》　明治二十三年十月三十日下賜。正式な呼称は「教育ニ関スル勅語」。日本の教育の基本方針を示した明治天皇の勅語。
341 緩急《かんきゅう》　危険や災難の差し迫つた場合。
342 天壌無窮《てんじょうむきゅう》　天地と共に永遠に続くこと。
343 皇運《こううん》　天皇の御威勢。皇室の運命。
344 扶翼《ふよく》　助けて守ること。
345 諸行無常《しょぎょうむじょう》　この世の中のあらゆるものは、変化・生滅してとどまらないこと。この世のすべてが儚《はかな》いこと。
346 抱擁《ほうよう》　抱きかかへること。抱きしめて愛撫すること。

347 **大道《たいどう》** 人の守るべき正しい道。

348 **臍下丹田《せいかたんでん》** 臍《へそ》と恥骨《ちこつ》の間の腹中《ふくちゅう》にあり，心身の活力の源《みなもと》であるといはれるところ。

349 **業物《わざもの》** 名工の鍛へた切れ味の鋭い刀。

350 **手柄《たがみ》** 剣《けん》の柄《つか》。

351 **奸謀《かんぼう》** 悪巧み。隠謀《いんぼう》。

352 **驚愕《きょうがく》** 衝撃的な事実に接し、ひどく驚くこと。

353 **愕然《がくぜん》** 衝撃を受け、非常に驚くこと。

354 **寸鉄《すんてつ》** 小さな刃物。小さな武器。

355 **慴伏《しょうふく》** 畏れひれ伏すこと。

356 **広大無辺《こうだいむへん》** 広くて果てしがないこと。

357 **肇国《はつくに》** はじめて国を建てること。建国。肇国《ちょうこく》。

358 **天《あめ》の下知《したし》ろしめす** 天下（この世界）を御統治遊ばされる。

原口正雄（はらぐち　まさを）

昭和四十一年、埼玉県草加市に生まる。國學院大學文学部神道学科卒業。神職階位「明階」を取得。

昭和六十年三月、一般陸曹候補学生として陸上自衛隊に入隊。第三十二普通科連隊に配属後、六十一年八月、レンジャー教育を修了。爾後、各種訓練の助教・教官を歴任。

昭和六十二年から、現職自衛官による八月十五日の靖國神社部隊参拝を主導。平成十一年、英霊奉慰顕彰を目的として、隊内に「みたま奉仕會」を発足し毎月靖國神社の早朝清掃奉仕を実施。平成廿五年、国風の守護と皇国武人の真姿体現のため「歌鉾乃會」を発足し毎月歌会を開催。

令和三年五月、自衛隊を陸曹長で定年退官し、令和五年四月から大東神社に奉職。

「不二歌道會」「桃の會」「太刀が嶺歌會」所属。

著書に、歌集『御楯の露』（展転社）がある。

陸上自衛隊精神教育マニュアル

令和五年八月十五日　第一刷発行

著　者　原口　正雄
発行人　荒岩　宏奨
発　行　展　転　社

〒101-0051　東京都千代田区神田神保町2-46-402
TEL　〇三（五三一四）九四七〇
FAX　〇三（五三一四）九四八〇
振替〇〇一四〇―六―七九九九二
印刷製本　中央精版印刷

定価［本体＋税］はカバーに表示してあります。

ISBN978-4-88656-560-0